安全生产知识百点通丛书

班组安全建设知识百点通

主　编　连芳菲　杨昂滨
副主编　郭　钰　孙鹏依

中国劳动社会保障出版社

图书在版编目（CIP）数据

班组安全建设知识百点通 / 连芳菲，杨昂滨主编 . 北京 : 中国劳动社会保障出版社，2024. --（安全生产知识百点通丛书）. -- ISBN 978-7-5167-6535-7

Ⅰ. X93-44

中国国家版本馆 CIP 数据核字第 2024A4N895 号

中国劳动社会保障出版社出版发行

（北京市惠新东街 1 号　邮政编码：100029）

*

河北品睿印刷有限公司印刷装订　　新华书店经销

880 毫米 ×1230 毫米　32 开本　5.25 印张　120 千字

2024 年 7 月第 1 版　　2024 年 7 月第 1 次印刷

定价：18.00 元

营销中心电话：400-606-6496

出版社网址：http://www.class.com.cn

“安全生产知识百点通丛书”
编委会

内容简介

本书是“安全生产知识百点通丛书”之一，以问答的形式介绍了班组安全建设的相关知识，主要内容包括班组安全基础知识、落实班组在生产现场的安全生产管理、落实班组安全生产责任制、实现班组安全生产目标、掌握安全生产技术、执行班组安全生产标准化、提高班组长安全生产素质、组织班组安全生产教育、开展安全生产活动。

本书选题典型、通俗易懂，文字简洁、版式设计新颖且活泼，配以原创漫画插图，生动直观。本书适合各类用人单位的从业人员、安全生产管理人员、安全负责人，也适用于普及提高广大基层现场从业人员对于班组安全建设的了解和知识储备。

目　录

一、班组安全基础知识

1. 什么是班组?

班组是根据企业内部劳动分工与协作的需要，按照工艺要求或不同产品（劳务）而划分的基本作业单位。它是企业内部从事生产经营活动和管理工作最基层的组织。班组是企业的基本作业单位，是企业内部最基层的劳动和管理组织。在一般企业里，班组长不算“干部”，但实际上，班组长基本具备了“干部”的管理职能。班组是企业的细胞，班组管理是企业管理的基础，班组安全工作是企业一切工作的落脚点。班组是加强企业管理、搞好安全生产、减少伤亡和各类灾害事故的基础和关键。对安全生产抓而不紧等于不抓，抓而不实等于白抓。安全工作重点在班组、在现场，要从组织与技术两方面着手，从防止未遂、异常做起，从一点一滴抓好班组的安全生产管理工作。

班组的形成通常是为了应对具体的工作需求和挑战。每个班组都有其特定的任务范围和职责，这使得工作分工更加清晰，班组成员可以更专注地投入各自擅长的领域。此外，班组还可以促进班组成员之间的密切合作，通过经验分享和协同努力，提高整个团队的绩效水平。

班组在车间领导下，肩负企业生产的某一部分任务。班组按其生产、工作性质和业务范围一般分为以下几种：

（1）基本生产班组是工作班组、生产小组的统称，拥有相应的劳动手段和劳动对象，承担一定的生产任务，通常是按生产工艺专业化和产品专业化分别建立的。

（2）辅助班组是企业内部直接为基本生产服务的班组。这些班组多数设在企业的辅助车间，有的基本生产车间根据实际需要，也设必要的辅助班组。

（3）职能班组是由企业内部职能部门或车间管理岗位上的各类管理人员所组成的若干班组，是企业众多班组的重要组成部分，其工作绩效如何，直接关系到企业管理效能的发挥。

（4）服务班组是在服务行业和工业企业后勤部门中所设立的班组。它由不同服务部门的服务人员所组成，利用一定的场所、设备和工器具，主要以劳务、技术活动的形式为社会提供某种特殊的使用价值，直接为群众生活服务，间接为企业生产服务。

2. 人本原理的原则是什么？

人本原理是现代安全生产管理学四大原理（系统原理、人本原理、预防原理和强制原理）之一，顾名思义就是以人为本的原理。它要求人们在管理活动中坚持一切以人为核心，以人的权利为根本，强调人的主观能动性，力求实现人的全面、自由发展。其实质是充分肯定人在管理活动中的主体地位和作用，是班组管理的基础。人本原理有以下几个原则。

（1）激励原则

要调动人的积极性，不仅要注意物质利益和工作条件等外部因素，更重要的是要从精神上给予鼓励，使员工从内心情感上真正得到满足。

（2）行为原则

需要与动机是决定人类行为的基础。人类的行为规律是需要决定动机，动机产生行为，行为指向目标，目标完成后需要得到满足，于是又产生新的需要、动机、行为，以实现新的目标。认识了这一规律，管理者就应该对自己的下属行为进行行之有效的科学管理，最大限度地发掘员工的潜能。

（3）能级原则

所谓能级原则是指根据人的能力大小，赋予相应的权利和责任，使组织的每一个人都各司其职，以此来保持和发挥组织的整体效用。

（4）动力原则

没有动力，事物不会运动，组织不会向前发展。在组织中只有强大的动力，才能使管理系统持续、有效地运行。现代管理学理论总结了三个方面的动力来源，即物质动力、精神动力和信息动力。

（5）纪律原则

没有规矩，不能成方圆。作为现代社会的组织，没有纪律是不可能长期存在下去的。因此，组织内部从上到下都应该制定并遵守共同认可的行为规范，违反了纪律就应该受到相应的惩罚。

3. 事故预防与控制的基本原理是什么？

预防事故发生的相应对策包括技术对策、教育对策及管理对策。因为技术（engineering）、教育（education）和管理（enforcement）三个英文单词的第一个字母均为E，也有人称为“3E”对策。这是事故预防的三根支柱，发挥这三根支柱的作用，事故预防就可以取得满意的效果。如果只是片面地强调某一根支柱，事故预防的效果就不会好。事故预防与控制基本原理具体体现以下几方面内容。

（1）事故可以预防

在这种原则基础上，分析事故发生的原因和过程，研究防止事故发生的理论及方法。

（2）防患于未然

积极有效的预防办法可以实现防患于未然。只有排除了事故隐患，才能避免事故造成的损失。

（3）根除可能的事故原因

任何事故的出现，总是有原因的，事故与原因之间存在着必然性的因果关系。为了使预防事故的措施有效，首先应当对事故进行全面的调查和分析，准确地找出直接原因、间接原因及基础原因。所以，有效的事故预防措施，来源于深入的原因分析。

（4）全面治理的原则

在引起事故的各种原因之中，技术原因、教育原因及管理原因是三种最重要的原因，必须全面考虑、缺一不可。

相关链接

安全生产管理的强制原理是指采取强制管理的手段控制人的意愿和行为，使个人的活动、行为等受到安全生产要求的约束。运用强制原理有以下两个原则。

（1）安全第一原则。在进行生产和其他活动时，要把安全工作放在一切工作的首要位置。当生产或其他工作与安全工作发生矛盾时，要服从安全工作。

（2）监督原则。为了使安全生产法律、法规得到落实，设立安全生产监督管理部门，对企业生产中的守法和执法情况进行监督。

4. 班组安全生产管理的特点是什么？

（1）制度化管理

班组安全生产管理强调建立一系列制度，包括安全生产岗位责任制度、安全检查制度、安全奖惩制度、安全例会制度、事故预测预防制度等。这些制度的建立旨在规范和明确班组成员在安全生产方面的职责和义务，以确保安全生产管理有章可循，能够在实践中得到贯彻执行。

（2）基于责任制的管理

安全生产责任制是班组安全生产管理的核心，体现了“管生产必须管安全”和“安全生产，人人有责”的原则。通过制度化明确各级领导和班组成员在生产活动中的安全责任，实现了对安全工作的全员参与和全员负责，使得安全生产管理有力有序地推进。

（3）注重安全教育

安全教育在班组安全生产管理中占据重要地位。结合班组成员的思想动态进行安全教育，结合典型事例、工伤案例、岗位安全操作规程等，力求生动活泼、多样化、贴近实际的教育形式，以提高班组成员的安全意识和技能。

（4）分散化和实时性

班组是较小的工作单元，因此安全生产管理更为分散，每个班组需要根据自身工作特点进行独立管理。这使得安全生产管理更加灵活，能够更迅速地应对和解决安全问题。同时，由于生产环境可能随时变化，班组安全生产管理具有较强的实时性，能够及时调整和应对。

（5）强调团队协作

班组是由多个成员组成的小团队，安全生产管理强调成员之间的团队协作。通过密切协作，成员可以相互监督、提醒，确保每个成员对自己的行为和环境负责，形成积极向上的安全文化。

（6）事故报告、分析和处理

对于发生的工伤事故，班组要及时向上级领导汇报，并采取应急措施，保护现场。班组需要积极组织或参与对事故的分析，查明事故原因和责任，并采取措施，防止类似或相关事故的重复发生。处理事故要做到“四不放过”，即事故原因未查清不放过、责任人员未处理不放过、整改措施未落实不放过、有关人员未受到教育不放过。

这些特点共同构成了一个相对独立、高效协同的安全生产管理体系，确保了班组在安全生产方面具有较强的执行力和适应性。

5. 班组的安全生产目标管理是什么？

安全生产目标管理是目标管理方法在安全生产工作中的应用活动。安全生产目标管理是目标管理的重要组成部分，是围绕实施安全生产目标开展安全生产管理的一种综合性较强的管理方法。班组安全生产目标管理是指针对企业安全方针和总体目标的实现，班组在政策落实上应该制定相应的安全生产目标、任务和对策。班组制定安全生产管理目标，应注意把握以下环节。

（1）企业与车间年度安全生产管理总目标是制定班组安全生产管理目标的基本依据，也就是说，企业与车间安全生产管理总目标、班组安全生产管理分目标是全局与局部的关系，局部必须服从全局，即车间安全生产管理的分目标必须服从企业安全生产管理的总目标，班组安全生产管理的分目标必须服从车间的安全生产管理目标。

（2）确定的安全生产管理目标要切合实际。班组的安全生产管理目标是其技术与管理水平的综合反映，应从实际出发，恰如其分地确定。在制定班组安全生产管理目标时，应由班组长及安全员根据班组生产性质、近年安全实绩、安全管理基础、人员素质、设备状况等提出班组安全生产管理目标的初步设想，将控制要求分解，列出具体目标限额，如确定安全生产管理目标同期内总计违章次数的控制指标。从班组的角度看，典型的控制指标包括运行班组缺陷上报率，定期巡回检查到位率，检修班组的消缺率、检修率，施工班组的设备、材料、机具、千元以上经济损失事件的控制指标等。其他常见控制指标还包括安全施工作业票的合格率，安全工器具的数量、配套率及完好率，全年度的安全活动、运行分析、反事故演练、消防训练的次数等。在班组成员充分讨论、建议的基础上，制定出本班组的安全生产管理目标，并贴在醒目的地方，公之于众。

（3）在班组安全生产管理目标的基础上，班组成员应制定出自己的年度安全生产管理目标和措施，制定过程中应根据每位成员的实际情况，如安全意识、业务技术水平、工种、制度熟悉情况、实际工作中的安全状况、所管辖设备的实际状况等，提出问题，并加以解决。要使每个人都明确自己在目标体系中的地位和作用，以及为实现班组集体目标所承担的责任。

（4）各班组及各班组成员的安全生产管理目标、措施要因组而异、因人而异，不应相互抄袭，要坚持实事求是的原则，通过安全生产管理目标的制定，促进班组安全状况的改进，杜绝班组成员的违章现象。

知识学习

目标能够带来四大好处：①提高员工的士气；②发展员工的自身能力；③聚焦企业资源；④实现工作绩效。

目标和目标管理是不同的。目标是一种期望或设计达到的结果；目标管理是通过设定不同方面和层级目标的方法，引导执行者追求，能给予执行者成就感，激发执行者潜能，快速、有效地实现最终目标的管理方法，它是一个实现目标的过程。

6. 为什么说班组在安全生产管理中扮演着关键角色?

班组是生产过程中的基本操作单位，直接参与实际的生产活动。在安全生产管理中，班组具有近距离监督和实时反馈的优势。由于班组成员直接参与生产，他们能够更容易发现生产过程中的潜在安全隐患，实时监控工作环境的变化。这种实时性使得班组能够更加敏锐地察觉并及时应对可能导致事故的因素，有力地降低了事故发生的风险。

班组在安全生产管理中的关键角色还体现在其全员参与和全员责任的特点上。由于班组成员直接参与生产活动，安全责任更加贴近实际操作。安全责任制度明确规定了每位班组成员在安全生产中的职责，实现了全员参与和全员责任的管理原则。这种责任制度不仅使每位班组成员对自己的行为和环境负责，也激发了团队合作的积极性。

此外，班组在安全培训和教育方面扮演着至关重要的角色。安全教育是提高从业人员安全意识和技能的关键手段，而班组作为一个小组织单位，更容易有针对性地进行培训。对新工人、班组成员进行安全教育，结合实际情况，更具有有效性。通过生动的例子和具体的操作规程，班组能够使成员更深刻地理解和执行安全操作规范。

在事故的报告、分析和处理方面，班组也发挥着关键的作用。发生事故时，班组需要迅速采取紧急措施，同时及时向上级领导报告。班组还负责组织或参与对事故的分析，查明事故原因和责任，并采取预防措施。这种主动性和负责任的态度，使得班组在处理事故时能够更为迅速、全面地采取行动。

综合来看，班组在安全生产管理中的关键角色主要表现在其实时监督、全员参与和全员责任、安全培训和教育，以及事故处理等方面。这些特点使得班组能够更全面、主动、灵活地应对安全生产管理的挑战，对整个企业的安全生产起到至关重要的支撑作用。

二、落实班组在生产现场的安全生产管理

7. 现场管理是什么？

现场管理是指用科学的管理制度、标准和方法对生产现场各生产要素，包括人（工人和管理人员）、机（设备、工器具）、料（原材料）、法（加工、检测方法）、环（环境）、信（信息）等进行合理、有效的计划、组织、协调、控制和检测，使其处于良好的结合状态，达到优质、高效、低耗、均衡、安全、文明生产的目的。现场管理是生产第一线的综合管理，是安全生产管理的重要内容，也是生产系统合理布置的补充和深入。

相关链接

现场有广义和狭义两种说法。广义上，凡是企业用来从事生产经营的场所，都称为现场，如厂区、车间、仓库、运输线路、办公室以及营销场所等。狭义上，现场是企业内部直接从事基本或辅助生产过程组织的结果，是生产系统布置的具体体现，是企业实现生产经营目标的基本要素之一。狭义上的现场也就是直接生产的场所。

8. 生产现场管理有哪些主要内容？

（1）现场实行“定置管理”，使人流、物流、信息流畅通有序，现场环境整洁，文明生产。

（2）加强工艺管理，优化工艺路线和工艺布局，提高工艺

水平，严格按照工艺要求组织生产，使生产处于受控状态，保证产品质量。

（3）以生产现场组织体系合理化、高效化为目的，不断优化生产劳动组织，提高劳动效率，降低生产成本，提升产品质量。

（4）健全各项规章制度、技术标准、管理标准、工作标准、劳动及消耗定额、统计台账等。

（5）建立和完善管理保障体系，有效控制投入产出，提高现场管理的运行效能。

（6）搞好班组建设和民主管理，充分调动班组成员的积极性和创造性。

相关链接

班组的现场管理水平是企业的形象、管理水平和精神面貌的综合反映，是衡量企业素质及管理水平高低的重要标志。

9. 如何实施生产现场管理？

生产现场管理是一个复杂的系统工程。班组的生产现场一般是生产车间的各个工段，班组的生产现场安全管理从属于生产车间的管理。不同的工种在不同的地点、不同的时间，都要求有不同的安全措施。生产车间安全生产措施、法则，可归纳为对“人、机、料、环、法、信”六大要素的管理和规范。具体如何开展现场管理工作，可以参考以下常见做法。

（1）“人”，即人的管理。安全生产管理归根结底是对人的管理。生产车间岗位的人员需求程序应是非常规范的。生产车间新需求的员工，根据企业所荐人员的详细材料，先形成定岗的初步意向，然后到辅助岗位进行一段时间的磨合。对初评不能担当本岗位者，生产车间通过培训、再教育等途径来提升该员工的综合能力，以达到胜任的目的，如再不能胜任，则谢绝录用。

（2）“机”，即机器设备的管理。机器设备是企业进行生产活动的物质条件，是进行安全生产的首要保障。作为生产现场管理人员，应根据设备保养的复杂性，对每台设备定制“设备责任牌”，落实专人负责。企业不定期开展现场管理检查，并建立相配套的奖罚制度，使每个设备责任人形成自觉保养设备的良好习惯。员工在交接班的时候，必须有机器设备运行情况的交接记录，一旦发现机器设备运行异常，需及时报告、及时维护。此外，还应定期组织机器设备操作培训或理论培训，以达到安全操作的目的。

（3）“料”，即物料的管理。物料管理是安全生产中的基本因素，生产车间从领料人员着手，应进行专业的培训，使他们熟悉工艺流程，通晓每种物料的化学性质、物理性质，对一天所需物料能做到计算精确。对于不适存放的物料，严禁在生产车间停留，做到现领现用。领料人员必须对仓库原料进行及时检验，严禁将不合格原料领进生产车间。因此，生产车间还应建立专门的考核制度，培养员工认真、仔细的工作作风。

（4）“环”，即环境的管理。环境可直接影响到安全生产，也是创造优质产品的前提。作为生产现场管理人员，应结合“整理、整顿、清扫、清洁、素养”的5S管理思想，以现场管理为出发点，通过开展自查与互查的方式，结合生产车间实际制定相应细则。生产车间各种用品、工器具的摆放应当规范，并成为一种习惯。生产现场管理人员应鼓励员工积极参加“合理化建议”活动，发现、探索各类提高现场管理的有效建议，并对相关建议进行分析、完善、付诸实施，以达到不断改进的目的。

（5）“法”，即操作法或指导书。操作法是引导操作的路线，在操作过程中路线不能变。有的操作工特别是新工人对操作法常有疑惑，作为生产现场管理人员，除了解释原因，还应派出经验丰富的老操作工进行手把手教导，直到他们完全理解和掌握。为了减少安全隐患，生产车间还应根据原始记录仪、显示记录仪，不定期地进行检查，提醒操作工时刻保持警惕，做到操作与规定完全一致。针对每个不同岗位，生产车间还应制定各岗位的职能考核细则，一周一小评，一月一大评，奖罚应根据考核细则所规定的条例进行，进一步提高操作工在操作工序中的细心程度。

（6）“信”，即信息的管理。车间和班组的生产活动离不开各类信息的传递交流和保留记录。生产现场应该具备清晰高效的信息交流模式，保证上层的生产需求和安全需求正确完整地向下传递至每一位班组员工。除了要保持上下级的信息传递，现场管理尤其要注意人员交班时的生产活动信息交接。另外，对于生产活动的物料信息、设备运行信息、人员参与信息等，都应有全面的电子或纸质的留档记录。信息管理将整个生产现场活动串联为一个整体，是现场管理的要点。

相关链接

生产现场管理包括以下三大工具。

（1）标准化。企业有各种各样的规范，如规程、规定、规则、要领等。这些规范形成文字化的东西统称为标准（或称标准书）。制定标准，而后依标准付诸行动称为标准化。

（2）目视管理。目视管理是利用形象直观而又色彩适宜的各种视觉感知信息来组织现场生产活动，以达到提高劳动生产率的一种管理手段；也是一种利用视觉来进行管理的科学方法，如使用安全标志进行安全生产管理等。

（3）看板管理。看板管理是发现问题、解决问题非常有效且直观的手段，尤其是优秀的生产现场管理必不可少的工具之一。

10. 在生产现场，班组应该如何正确使用和管理工器具、设备及机械设施？

在生产现场，正确使用和管理工器具、设备及机械设施是确保生产效率和工作安全的关键。班组在生产现场正确使用和管理这些资源可以参考以下建议。

（1）培训和教育

在生产现场，班组首要任务之一是提供全面的培训，确保每位成员能够正确使用和管理各类工器具、设备及机械设施。定期的培训活动应涵盖安全标准、操作规程，并随时更新以确保了解最新的行业要求。

（2）熟悉设备

为了确保生产现场的工作安全和高效，班组成员需要充分了解使用的工器具和设备的特性、功能及安全操作要点，定期检查设备的工作状态，及时发现并报告任何可能存在的问题。

（3）遵循操作规程

制定清晰而明确的操作规程，以确保所有班组成员都了解并遵循标准操作步骤。重视操作规程的执行，特别是在关乎安全和质量控制的环节，以降低潜在风险。

（4）维护保养

班组应制订定期的维护计划，确保工器具、设备及机械设施按照计划进行维护保养，从而减少因设备故障引发的停工时间。此外，鼓励班组成员参与设备维护工作，如清理、润滑和更换易损件。

（5）检查和监控

为了预防潜在问题，需要定期进行设备检查和性能监测。建立设备使用日志，详细记录设备的使用情况、维护历史及任何问题或异常情况，以提供数据支持和便于管理。

（6）应急准备

生产现场班组应确保班组成员熟悉应急程序，能够在设备故障或紧急情况下快速而有效地做出反应。同时，提供必要的紧急工器具和设备，如灭火器、急救箱等，以保障应急情况下的人员安全。

（7）交流沟通

建立通畅的沟通渠道，鼓励班组成员报告任何设备问题或安全隐患。通过定期的安全例会，讨论工器具、设备及机械设施的使用经验和改进建议，促进信息的共享和团队的协作。

（8）合规性

确保所有工器具、设备及机械设施符合相关的法规和标准，以确保在生产过程中的合规性。这涉及对法规和标准的深入理解，以及及时更新设备以符合最新的法规和标准，确保生产过程的合法性和安全性。

11. 安全生产检查有哪些基本内容?

安全生产检查的内容包括软件系统和硬件系统。软件系统主要查思想、查意识、查制度、查管理、查事故处理、查隐患、查整改。硬件系统主要查生产设备、查辅助设施、查安全设施、查作业环境。

安全生产检查一般包括以下项目。

（1）对于连续生产的企业，重点检查交接班制度执行情况。

（2）危险施工现场应确保配备安全监护人，并要认真履行职责，保留完整的安全监护记录。所使用的设备、设施、工器具、用具、仪表、仪器、容器等都应有专人保管，有安全检查责任牌，按时进行检查。

（3）所有设备、设施、工器具、用具必须完好齐全；防护、保险、信号、仪表、报警等安全装置完好齐全、准确有效；所有场地的油、气、水管线及闸门无跑、冒、滴、漏现象；消防设施、器材、工器具按要求配备，保管完好，定期进行检验和维修，实行挂牌责任制。

（4）应设置安全标志的地方，按标准设置且标志完好清晰；电气、电路安装正确、完好；应使用防爆电气设备的地方，按要求使用；应安装防静电装置的地方，按要求正确安装。

（5）生产场地平整、清洁，无危险建筑及设施；生产的成品、半成品，所用的材料、原料，使用的用具、工器具等，堆放、摆放符合安全要求；无生产中不需使用的易燃易爆及危险物品，如需要使用应有安全规定及防护措施；光线、照明符合国家标准；应安装安全防护设施的地方，按标准进行安装。

（6）禁烟火的生产场所，无火源及烟蒂、火柴棒；动火作业按要求办理动火作业许可证，并制定严格的防护措施；生产场所无生产中不许使用的电炉、煤（汽、柴）油炉和液化气炉，经过批准使用的要有安全规定，并按规定执行。

相关链接

对非矿山企业要求强制性检查的项目有：特种设备、升降机、防爆电器、厂内机动车辆、客运索道、游艺机及游乐设施等；作业场所的粉尘、噪声、振动、辐射、高温、低温、有毒物质的浓度等。

对矿山企业要求强制性检查的项目有：矿井风量、风质、风速及井下温度、湿度、噪声；瓦斯、粉尘；提升、运输、装载、通风、排水、瓦斯抽放、压缩空气和起重设备；各种防爆电器、电器安全保护装置；矿灯、钢丝绳等；瓦斯、粉尘及其他有毒有害物质检测仪器、仪表；自救器；救护设备；安全帽；防尘口罩或面罩；防护服装；防护鞋；防噪声耳塞、耳罩。

知识学习

安全生产检查有以下几种常见类型：①定期安全生产检查；②经常性安全生产检查；③季节性及节假日前安全生产检查；④专业（项）安全生产检查；⑤综合性安全生产检查；⑥不定期职工代表巡视安全检查。

12. 常用的安全生产检查方法有哪些?

（1）常规检查法

由安全生产管理人员作为检查工作的主体，到作业现场，通过感官或简单的工器具、仪表等，对作业人员的行为、作业场所的环境条件、生产设备与设施等进行的定性检查。

（2）安全检查表法

安全检查表应列出需查明的所有可能会导致事故的不安全因素。每个检查表均需注明检查时间、检查者、直接负责人等，以便分清责任。安全检查表的设计应做到系统、全面，检查项目应明确。

（3）仪器检查法

机器、设备内部的缺陷及作业环境条件的真实信息或定量数据，只能通过仪器检查法来进行定量化的检验与测量。

相关链接

安全生产检查的工作程序如下。

（1）安全生产检查准备：确定检查的对象、目的、任务，查阅、掌握有关法规、标准、规程的要求，了解检查对象的工艺流程、生产情况，可能出现危险、危害的情况，制订检查计划，安排检查内容、方法、步骤，编写安全检查表或检查提纲，准备必要的检测工器具、仪器、书写表格或记录本，挑选和训练检查人员并进行必要的分工等。

（2）实施安全生产检查：访谈，查阅文件和记录，现场观察，仪器测量。

（3）通过分析作出判断。

（4）及时作出决定进行处理。

（5）整改落实。

13. 班组日常安全生产检查内容有哪些?

班组日常安全生产检查是按检查制度的规定，每天都进行的、贯穿于生产过程中的检查。

班组日常安全生产检查的内容主要包括车间安全员和安全生产技术人员的巡回检查，班组长、工会小组劳动防护检查员、班组安全员及操作者的现场检查，主要工作内容是发现生产过程中一切物的不安全状态和人的不安全行为，并加以控制。

很多班组实行“一班三检”制，即班前、班中、班后进行安全生产检查。“班前查安全，思想添根弦；班中查安全，操作保平安；班后查安全，警钟鸣不断。”这句话充分说明了“一班三检”制的意义和重要性。“一班三检”检查的侧重点不同：班前检查的重点是对操作设备、工器具、防护装置、作业环境及劳动防护用品穿戴的检查；班中检查的重点是对设备运行状况、作业环境危险因素的检查，并纠正违章行为；班后检查的重点是对工作现场的检查，不能给下一班留下隐患。

相关链接

安全生产检查的目的是及时发现问题、解决问题。应该在检查过程中或检查以后，及时整改。整改应实行“三定”(定措施、定时间、定负责人)、“四不推”(班组能解决的，不推到工段；工段能解决的，不推到车间；车间能解决的，不推到厂；厂能解决的，不推到上级)。对于一些长期危害员工安全健康的重大隐患，整改措施应件件有交代，条条有着落。

14. 班组该如何进行事故处理?

班组对事故应该严肃处理，实行责任追究制度。认真落实安全生产责任制，是班组安全生产管理的重中之重。在一个企业，安全生产责任制是严肃事故处理的重要依据。因此，推行“一岗一责，人人有责”的安全生产责任制是责任追究的必然要求。要对发生事故的班组和个人坚持“四不放过”的原则。

15. 隐患排查和治理应该坚持什么原则?

隐患排查和治理工作是防止事故的主要措施，必须坚持“谁主管，谁负责”的原则。班组每日至少对本单位、本岗位各种设备、设施、建（构）筑物、危险源点及其作业环境等进行一次全面的检查，并建立隐患排查登记台账。对检查出的和上报的隐患及时登记，登记内容包括检查人员、检查时间、隐患部位、危险状态、治理责任人和治理期限等。

凡检查出的隐患经确认本单位无力治理的，应立即向上一级主管部门汇报，并在登记台账上注明上报单位、时间等。隐患的排查与治理工作要坚持“四定三不交”原则，即定项目、定措施、定责任人、定完成时间；班组能治理的不交车间、车间能治理的不交厂（矿）、厂（矿）能治理的不交公司。

16. 生产经营单位如何对隐患进行排查和治理?

（1）建立完善隐患排查治理制度

生产经营单位应建立健全隐患排查治理制度，逐渐建立并落实从主要负责人到每位从业人员的隐患排查治理和防控职责，并按照有关规定组织开展隐患排查治理工作，及时发现并消除隐患，实行隐患闭环管理。

（2）隐患排查

生产经营单位应依据有关法律法规、标准规范等，组织制定各部门、岗位、场所、设备、设施的隐患排查治理标准和排查清单，明确隐患排查的时限、范围、内容和要求，并组织开展相应的培训。隐患排查的范围应包括所有与生产经营相关的场所、人员、设备、设施和活动，还包括承包商和供应商等相关服务范围。生产经营单位应按照有关规定，结合安全生产的需要和特点，采用综合检查、专业检查、季节性检查、节假日检查、日常检查等不同方式进行隐患排查。对排查出的隐患，按照隐患的等级进行记录，建立隐患信息档案，并按照职责分工实施监控治理。

生产经营单位组织有关人员对本生产经营单位可能存在的重大隐患做出认定，按照有关规定进行管理，并应将相关方排查出的隐患统一纳入本生产经营单位隐患管理。

（3）隐患治理

生产经营单位应根据隐患排查的结果制定隐患治理方案，及时对隐患进行治理。生产经营单位应按照责任分工立即或限期组织整改一般隐患，主要负责人应组织制定并实施重大隐患治理方案。治理方案包括目标和任务、方法和措施、经费和物资、机构和人员、时限和要求、应急预案。生产经营单位在隐患治理过程中，应采取相应的监控防范措施。隐患排除前或排除过程中无法保证安全的，应从危险区域内撤出作业人员，疏散可能危及的人员，设置警戒标志，暂时停产、停业或停止使用相关设备、设施。

（4）评估验收

隐患治理完成后，生产经营单位应按照有关规定对治理情况进行评估、验收。重大隐患治理完成后，生产经营单位应组织本生产经营单位的安全生产管理人员和有关技术人员进行验收或委托依法设立的为安全生产提供技术、管理服务的机构进行评估。

（5）信息记录、通报和报送

生产经营单位应如实记录隐患排查治理情况，至少每月进行统计分析，及时将隐患排查治理情况向从业人员通报。生产经营单位应运用隐患自查、自改、自报信息系统，通过信息系统对隐患排查、报告、治理、销账等过程进行电子化管理和统计分析，并按照当地安全监管部门和有关部门的要求，定期或实时报送隐患排查治理情况。

知识学习

根据《生产过程危险和有害因素分类与代码》（GB/T 13861—2022）对生产过程危险和有害因素的分类可以看出，安全生产事故隐患并不是专指能够造成重大伤亡事故或者直接造成伤亡事故的生产过程危险和有害因素。排查与治理能够造成职业病或危害从业人员身体健康的生产过程危险和有害因素，也是安全生产事故隐患排查治理的重要工作内容之一。

17. 危险源是什么？

危险源是指可能导致人员伤害、财产损失和环境破坏的根源、状态、行为或其组合。在各种工业、商业和日常生活场景中，危险源的存在潜在地增加了事故和伤害发生的风险。对危险源的认知和有效管理是安全生产管理的核心组成部分。

危险源由潜在危险性、存在条件和触发因素三个要素构成。危险源的潜在危险性是指一旦触发事故，可能带来的危害程度或损失大小，或者危险源可能释放的能量强度或危险物质量的大小。危险源的存在条件是指危险源所处的物理状态、化学状态和约束条件状态。例如，物质的压力、温度、化学稳定性，盛装压力容器的坚固性，周围环境障碍物等情况。危险源的触发因素虽然不属于危险源的固有属性，但它是危险源转化为事故的外因，而且每一类型的危险源都有相应的敏感触发因素。如易燃、易爆物质，热能是其敏感的触发因素；压力容器，压力升高是其敏感触发因素。因此，一定的危险源总是与相应的触发因素相关联。在触发因素的作用下，危险源转化为危险状态，继而转化为事故。

相关链接

在系统安全研究中，认为危险源的存在是事故发生的根本原因，防止事故就是消除、控制系统中的危险源。危险源是可能导致人员伤害或财物损失的不安全因素。因此，生产、生活中的许多不安全因素都可能是危险源。根据危险源在事故发生、发展中的作用，把危险源划分为第一类危险源和第二类危险源。

（1）第一类危险源。根据能量意外释放论，事故是能量或危险物质的意外释放，作用于人体过量的能量或干扰人体与外界能量交换的危险物质是造成人员伤害的直接原因。于是，把系统中存在的、可能发生意外释放的能量或危险物质称作第一类危险源。

（2）第二类危险源。在生产和生活中，为了利用能量，让能量按照人们的意图在系统中流动、转换和做功，必须采取措施约束、限制能量，即必须控制危险源。约束、限制能量的屏蔽应该可靠地控制能量，防止能量向外释放。实际上，绝对可靠的控制措施并不存在。在许多因素的复杂作用下，约束、限制能量的控制措施可能失效，能量屏蔽可能被破坏而发生事故。导致约束、限制能量措施失效或破坏的各种不安全因素称为第二类危险源。

18. 如何进行危险源控制？

危险源的控制可从技术控制、人行为控制和管理控制三方面进行。

（1）技术控制

技术控制是指采用技术措施对固有危险源进行控制，主要技术有消除、控制、防护、隔离、监控、保留和转移等。

（2）人行为控制

人行为控制即控制人为失误，减少人不正确行为对危险源的触发作用。人为失误的主要表现形式有：操作失误、指挥错误、不正确的判断或缺乏判断、粗心大意、厌烦、懒散、疲劳、紧张、疾病或生理缺陷、错误使用防护用品和防护装置等。人行为控制首先是加强教育培训，做到人的安全化；其次应做到操作安全化。

（3）管理控制

针对危险源确定控制的关键点，采取专门有针对性的管理。另外，更为主要的是要对危险源制定一系列的管理制度。可采取以下管理措施，对危险源实行控制。

1）建立健全危险源管理的规章制度，如岗位安全生产责任制、危险源重点控制实施细则、安全操作规程、操作人员培训考核制度、日常管理制度、交接班制度、检查制度、信息反馈制度、危险作业审批制度、异常情况应急措施、考核奖惩制度等。

2）明确责任，定期检查。应根据各危险源的等级分别确定各级的负责人，并明确他们应负的具体责任，特别是要明确各级危险源的定期检查责任。

3）加强危险源的日常管理。要严格要求作业人员贯彻执行有关危险源日常管理的规章制度。

4）抓好信息反馈，及时整改隐患。要建立健全危险源信息反馈系统，制定信息反馈制度并严格贯彻实施，对检查发现的事故隐患，应根据其性质和严重程度，按照规定分级实行信息反馈和整改，做好记录。任何单位和个人发现事故隐患，均有权向安全监管监察部门和有关部门报告。

5）搞好危险源控制管理的基础建设工作。危险源控制管理的基础建设工作除了建立健全各项规章制度外，还应建立健全危险源的安全档案和设置安全标志。

6）搞好危险源控制管理的考核评价和奖惩。应对危险源控制管理的各方面工作制定考核标准，并力求量化，划分等级。定期严格考核评价，给予奖惩，并与班组升级和评选先进结合起来。

相关链接

危险源控制点的确定一般考虑以下几种情况：

（1）容易发生重大人身、设备、火灾、爆炸、急性中毒等事故；

（2）设备安全度低、作业环境不良、事故发生率高；

（3）具有一定的事故频率和严重度，作业密度高；

（4）潜在危险性大。

19. 班组危险源管理有哪些方法？

（1）对危险源点进行危险因素分析。对危险源系统中存在的物的不安全因素进行分析，预测可能产生的危害，制定危险源点的安全控制措施。

（2）根据危险源点可能造成的伤害程度，将危险源控制点进行分类。

（3）危险源控制点确定后，应填写危险源控制点登记卡及档案，在危险源控制区域醒目处设立危险源控制点警示牌。

（4）在制定危险对策措施的基础上，各危险源点应制定危险源控制点检查表，并尽量与设备点检内容协调，安全生产检查也要与设备点检一致。

（5）班组长应熟悉各危险源控制点的控制内容，负责实施本工段、班组危险源控制点的控制管理，本人或指定专人定时检查控制情况，认真填写检查表。

知识学习

可将危险源控制点分为以下四个级别。

A级：可能造成多人伤亡或引起火灾、爆炸、设备及厂房设施毁灭性破坏。

B级：可能造成死亡，或永久性全部丧失劳动能力（终身致残性重伤），或可能造成生产中断（一个班以上）。

C级：可能造成人员永久性局部丧失劳动能力（伤愈后能工作但不能从事原岗位工作的重伤），或危及生产暂时性中断（一个班以内）。

D级：可能造成人员轻伤或伤愈后能恢复原岗位工作的一般性重伤，并不会造成生产中断。

公司负责对A级危险源进行管理，厂（矿）负责对A、B级危险源进行管理，车间负责对本车间的A、B、C级危险源进行管理，班组负责对本班组的A、B、C、D级危险源点进行管理。

法律提示

《中华人民共和国安全生产法》第四十条规定，生产经营单位对重大危险源应当登记建档，进行定期检测、评估、监控，并制定应急预案，告知从业人员和相关人员在紧急情况下应当采取的应急措施。

生产经营单位应当按照国家有关规定将本单位重大危险源及有关安全措施、应急措施报有关地方人民政府应急管理部门和有关部门备案。有关地方人民政府应急管理部门和有关部门应当通过相关信息系统实现信息共享。

20. 班组如何进行交接班？

（1）交班人员应提前半小时作好交班准备，接班人员应提前15分钟到达交接班现场作好接班准备。若接班人员未能按时到达，交班人员不能离开岗位。

（2）当班的组长要正确、清楚、可靠地记录各种生产记录，并及时当面反馈给下一班的组长。接班的组长不仅要看上一班的记录、听交班者的介绍，还要到异常的设备或作业点进行察看，为计划、布置当天的安全生产作依据。

（3）交班人员在交班前，应将生产现场或者机械设备清理好，对机械设备要按规定认真进行维护保养，发现故障及时排除或上报，填写好交接班记录，清点好材料、工器具和备件，做好生产现场卫生。

相关链接

交接班经双方认可并在交接班日志上签字后，交班人员方可离开岗位。交班后，生产设备所出的问题由接班人负责。

21. 班组交接班的内容和要求是什么？

（1）交班内容及要求。交班人员在交班前必须对本岗位设备运行情况，生产操作情况，公用工器具、用具情况及安全、文明生产情况等进行全面检查，对以上内容认真交班。设备运行情况的交班内容包括当班期间设备开停时间和停机原因。若遇设备故障，则必须说明故障发生时间、原因、处理情况、遗留问题及其他注意事项。公用工器具、用具的交班内容主要包括公用工器具、用具数量及完好情况，工器具损坏或遗失要详细说明原因。安全、文明生产情况交班内容主要包括本岗位安全隐患排查及处理情况，岗位责任区清洁卫生清扫情况。

（2）接班内容及要求。接班者在交接班时间内，应认真听取交班情况介绍，详细阅读交接班记录，逐项核对交班记录，全面巡视检查设备运行状况。发现交班者未按规定交班，应及时向班组长反映，待班组长处理后再按规定程序接班。

（3）交接时应做到“五清”和“两交接”。“五清”，即看清、讲清、问清、查清、点清；“两交接”，即现场交接和实物交接。现场交接是指现场设备（包括二次设备）经过操作方式变更或检修，所做安全措施（特别是接地线，设备存在缺陷，保护的停复役、变更和定值更改，信号装置情况）要在现场交接清楚。实物交接是指具体物件，如文件通知，公用工器具、用具、仪器仪表等物件要交接实物，不能只进行账面交接。

（4）有以下情况之一的，不得交接班：

1）生产不正常或事故隐患不明。

2）设备维护不好或情况不明。

3）岗位责任区内清洁卫生未清扫。

4）原始记录不全、不齐、不准、不清楚。

5）接班者马虎、不严格，指标任务未完成，原因不清楚。

6）遇事故正在处理或正在进行重要的操作。交接班时发生事故或其他重大事项，应待事故处理完毕、设备运转正常后才能交接班（但可以在事故告一段落时，经领导批准，进行交接班）。

7）接班人酒后上班或精神状态严重不佳。

8）接班人员未到岗。

9）公用工器具、用具、仪器仪表不齐全或未清理、未点清。公用工器具、用具损坏或遗失要详细说明原因，分清责任，并按有关规定办理赔偿手续。

10）交、接班人不签字。

22. 班前会是什么？

班前会是班组长根据当天的工作任务，结合本班组的人员（如人数、个人的安全生产操作水平、安全生产思想稳定性等）、物力（如原材料、作业机具、安全生产用具等）、现场条件、工作环境等，在工作前召开的班组会。班组长在向班组成员布置当天生产任务时布置安全工作。班前会的主要特点是时间短、内容集中、针对性强。它既区别于事故分析会，也不同于安全日活动。

相关链接

为组织开好班前会，班组长每天要提前到岗，首先查看上一班的工作记录，听取上一班班组长的交接班情况，了解设备运行情况、有无异常现象和缺陷存在、是否进行过检修等，然后进行现场巡回检查。班组长要对当天的生产任务、相应的安全生产措施、需使用的安全生产工器具等心中有数，对承担工作任务的班组成员的技术能力、责任心要有足够的了解。

班前会是一种分析预测活动。要使之符合实际，具有针对性和预见性，就要求班组长在会前下功夫准备，有关安全生产事项要在实际作业中验证总结。

知识学习

班前会有利于把管理工作细化到车间、班组、个人，有利于培养主管部门目标任务观念；有利于提高管理人员的检查、监督、执行力度。通过召开班前会，管理人员的领导能力、组织能力、表达能力、指挥能力、策划能力都将得到极大地提高；同时，也能便于各部门之间的信息交流，从而提高工作效率；也为员工提供了一个学习交流的平台，提高了企业的学习氛围和员工的知识水平。

班前会作为企业的一项制度，就要严格地执行，并通过一些具体的行为要求来培养员工的时间观念、纪律观念、形象观念，同时也增强了企业的凝聚力，树立了企业的良好形象；班前会又是企业的镜子，能够把企业存在的问题及时地反映给大家，使企业、员工都能充分地认识自己，真正做到认识自己、提高自己；班前会还能做到员工与员工之间，员工与领导之间的互相监督。不管是领导还是员工只要是违反了班前会制度或是企业的其他制度，都要按照规定采取一定的措施，这种监督有很大的透明度，既提高了员工主人翁意识，是一种有效的激励机制，也便于企业各种规章制度的推行。

23. 班前会如何进行?

召开班前会的具体做法是：在每天布置生产任务时，班组长用几分钟时间简明扼要地对班组成员讲明上一班的生产、设备情况及有关安全生产的最新要求，再对班组成员进行生产布置交底，告知存在的危险和有关对策措施。

相关链接

在班前会上要突出“三交”（即交任务、交安全、交措施）和“三查”（即查工作着装、查身体和精神状态、查个人安全用具），并根据当天生产任务的特点、设备运行状况、作业环境等，有针对性地提出安全生产注意事项。对因故没有参加班前会的个别班组成员，班组长事后应对此人补课交底，防止发生意外。对重大工程及抢修、抢险、故障处理等，在进行作业前均必须交底。

24. 班前会有哪些要落实的内容?

班前会一般由班组长主持，班组长不在也可由安全员、工会组长主持。班前会要落实以下几方面内容。

（1）上一班是否有设施安全隐患、设备故障，或其他事情交代。

（2）查看、询问班组成员身体、精神状态是否良好。

（3）本班要完成哪些工作，要落实的危险源辨识的措施有哪些。

（4）周围是否有影响本班工作的掘进、施工、检修等工作。

（5）今天涉及本班有哪些检修作业。

（6）检修工器具、备件是否准备好。

（7）联保、互保队伍是否建立。

（8）其他的安全要求。

相关链接

工程施工前，应就有关作业内容、安全生产措施、安全生产规定、注意事项及许可审批手续一一把关，安全生产交底，使作业人员心中有数，以便互相督促检查，遇到异常情况可互相救助。

知识学习

班前会是企业基层管理的重要组成部分，是班组长向班组成员传达上层的意见，布置工作任务，检讨工作绩效的主要途径。

班组长可以通过主持班前会来锻炼组织能力和领导才能，还可以借此向班组成员宣导企业的文化理念和管理思想，带动班组气氛并提供良好的沟通环境。

班组成员通过参与班前会，可以培养良好的工作习惯，适应公司的氛围，改变不良行为，使自己陈旧观念与思想得到更新，并由此提升个人的价值观。

班前会也是班组长向班组成员进行工作教导、激励工作热情的手段。

25. 班后会是什么？

班后会是一种组织形式，通常发生在一天的工作结束后，由班组长主持召开的会议。这种会议的主要目的是总结和检查当天的生产任务，进行安全生产工作的回顾，并提出进一步改进和整改的建议。班后会的形式通常是以讲评的方式进行的，允许班组成员分享他们的经验、观察和发现。

这个过程有助于确保生产任务按计划完成，同时关注安全生产方面的问题。通过班后会，班组长可以及时了解工作中存在的挑战和问题，为解决这些问题提供一个集体的讨论平台。此外，班后会也为班组成员提供了一个分享工作心得和经验的机会，促进团队之间的交流和合作。

班前会和班后会是相互关联的，构成了工作日常管理的一个连贯体系。班前会为班组成员提供了一个明确当天任务和工作计划的机会，而班后会则通过总结和讨论，促进团队的学习和成长，为往后的工作提供经验教训。这种连贯的组织形式有助于提高生产效率，确保工作的安全进行。

相关链接

通过班后会，总结本次工作的经验教训，举一反三，不断规范工作行为；对遵章守纪的模范行为进行表扬，鼓励士气；对违章、违纪的违规行为进行批评教育和考核，让每位班组成员检查自身不足，注意改进操作方法；分析工作中存在的问题，制定防范措施，避免类似错误再次发生。班后会是提高班组安全生产水平的有效手段。

26. 班后会有哪些要落实的内容?

班后会是一个重要的管理环节，其内容应该全面覆盖工作完成情况、安全生产情况、班组成员表现情况等多个方面。以下是班后会要落实的内容。

（1）工作完成情况总结

对当天的生产任务进行全面总结，包括生产进度、完成情况、质量控制等方面。班组长应简明扼要地回顾当天的工作，对于任务完成得好的方面进行肯定，同时找出存在的问题和不足之处。

（2）安全生产检查

详细检查当天的安全生产情况，包括是否有违章指挥、违章作业的现象，是否存在操作中的安全隐患，以及是否严格执行安全规程和制度。对于存在的安全问题，提出明确的改进意见，并讨论、制定解决方案。

（3）班组成员表现评价

表扬在工作中表现突出、认真执行规章制度的班组成员。通过正面的激励，鼓励班组成员的积极表现，促使团队形成正能量。同时，对于存在问题的班组成员，视情节轻重和造成后果的大小，提出批评或处罚，强调安全生产的责任心。

（4）改进意见和建议

鼓励班组成员提出对工作中人员安排、操作方法、安全生产事项的改进意见和建议。通过集体的智慧，找到问题的根本原因，并制订具体可行的改进计划，提高工作效率和质量。

（5）不安全因素和职业危害防范

对于操作中发生的不安全因素和可能导致职业危害的情况，提出明确的防范措施。确保班组成员在工作中能够识别和避免潜在的危险，保障其身体健康和安全。

通过综合考虑这些方面的内容，班后会能够更全面地促进团队的发展，确保工作的有序进行，并在安全生产方面取得更好的成绩。

相关链接

班组长要全面、准确地了解实际情况，使班后会的总结评比具有说服力。同时还要注意工作方法，以灵活机动的方式，激励班组成员在生产工作中的积极性，增强自我保护意识和能力，帮助他们端正态度，克服消极情绪，以达到安全生产的目的。

27. 在生产现场，班组如何确保班组成员的合理劳动强度和工作时间？

班组在配置班组成员的工作密度和工作强度时，应符合《中华人民共和国劳动法》《中华人民共和国安全生产法》等相关法律法规的规定，确保班组成员的身体健康和安全。同时，应该根据企业的生产经营情况和班组成员自身的实际情况，合理配置工作量和工作强度，以达到企业的生产效益和班组成员的工作生活质量的平衡。

通过科学的管理和全面的措施，不仅可以预防事故的发生，提高工作效率，还能减轻班组成员的身体和心理负担。制定合理的工作时间表和休息安排表，确保劳动强度得到科学合理的控制，以及提供良好的工作条件，都是构建安全、健康工作环境的关键组成部分。以下将详细探讨如何在工厂管理中实施这些措施，以促进工业生产的可持续发展，同时保障班组成员的权益。

（1）合理安排工作时间

工厂安全生产条例要求合理控制工作时间，确保班组成员的休息与放松时间。合理的工作时间设计能够有效预防事故的发生，提高工作效率，并减少班组成员的身体和心理负担。

1）确定合理的工作时间

根据工作性质和工种特点，工厂应制定科学的工作时间表。对于连续作业的岗位，如高温作业或持续操作机械的工作，应适当缩短工作时间，避免班组成员疲劳过度，同时，还应根据工作强度、工作条件等因素，结合实际情况合理安排工作时间。

2）保障足够的休息时间

工厂安全生产条例规定班组成员每日工作时间不得超过 8 小时，并规定了必要的休息时间。班组成员在累计工作 6 小时后，应获得至少 30 分钟的休息时间。在连续工作 6 天后，还应有至少 24 小时的连续休息时间，以恢复体力和心理状态。

（2）合理安排劳动强度

合理安排劳动强度是保障班组成员身体健康和提高工作效率的重要措施。通过科学的劳动强度管理，可以减少工伤事故的发生，提高生产效率，同时也有利于班组成员的身心健康。

1）制定科学的工作标准

工作标准是控制劳动强度的重要手段。通过制定科学的工作标准，可以根据不同工种的身体条件和工作要求，合理安排工作速度和负荷，避免过度劳累。同时，还可以根据实际情况对工作标准进行调整，以适应不同的环境变化。

2）实施适当的轮岗制度

轮岗制度可以减轻班组成员长期连续作业带来的疲劳，减少因工作重复性造成的身体损伤。通过合理的轮岗安排，可以使班组成员有机会参与不同岗位的工作，减缓劳动强度，提高工作的多样性，增加班组成员的工作积极性。

3）提供良好的工作环境和设备

良好的工作环境和设备不仅能够提高工作效率，还能减少班组成员的体力和精神消耗。工厂应确保生产设备的正常运行和维护，提供舒适的工作场所和良好的通风条件，以减少班组成员过度劳累和受伤的风险。

三、落实班组安全生产责任制

28. 安全生产责任制是什么?

安全生产责任制是根据我国“安全第一、预防为主、综合治理”的安全生产方针和安全生产法规建立的各级领导、职能部门、工程技术人员、岗位操作人员在劳动生产过程中对安全生产层层负责的制度。安全生产责任制是企业岗位责任制的一个组成部分，是企业中最基本的一项安全生产制度，也是企业安全生产、劳动防护管理制度的核心。

建立安全生产责任制的目的，一方面是增强生产经营单位各级负责人员、职能部门及其工作人员和岗位生产人员对安全生产的责任感；另一方面明确生产经营单位中各级负责人员、职能部门及其工作人员和岗位生产人员在安全生产中应履行的职责和应承担的责任，以充分调动各级负责人员和部门在安全生产方面的积极性和主观能动性，确保安全生产。

实践证明，凡是建立健全了安全生产责任制的企业，各级领导重视安全生产、劳动防护工作，切实贯彻执行安全生产方针、政策和国家的安全生产、劳动防护法规，在认真负责地组织生产的同时，积极采取措施，改善劳动条件，工伤事故和职业性疾病就会减少。反之，就会职责不清、相互推诿，从而使安全生产、劳动防护工作无人负责、无法进行，工伤事故与职业病就会不断发生。

法律提示

《中华人民共和国安全生产法》第四条规定，生产经营单位必须遵守本法和其他有关安全生产的法律、法规，加强安全生产管理，建立健全全员安全生产责任制和安全生产规章制度，加大对安全生产资金、物资、技术、人员的投入保障力度，改善安全生产条件，加强安全生产标准化、信息化建设，构建安全风险分级管控和隐患排查治理双重预防机制，健全风险防范化解机制，提高安全生产水平，确保安全生产。

相关链接

生产经营单位和企业安全生产责任制的主要内容包括厂长、经理是法人代表，是生产经营单位和企业安全生产的第一责任人，对生产经营单位和企业的安全生产负全面责任；生产经营单位和企业的各级领导及生产管理人员，在管理生产的同时，必须负责管理安全工作，在计划、布置、检查、总结、评比生产的时候，必须同时计划、布置、检查、总结、评比安全生产工作。

有关的职能机构和人员，必须在自己的业务工作范围内，对实现安全生产负责。从业人员必须遵守以岗位责任制为主的安全生产制度，严格遵守安全生产法规制度，不违章作业，并有权拒绝违章指挥，险情严重时有权停止作业，采取紧急防范措施。

29. 安全责任有哪些表现形式？

安全责任的表现形式包括法律责任、政治责任、社会责任、道德责任等。

（1）法律责任是主体因行为不当、违反其法定职责和义务而应依法承担的否定性的法律后果。法律责任一般都有明确的法律、法规制度规定。

（2）政治责任的主体一般为政府，是指政府制定符合民意的公共政策并推动其实施的职责和没有履行好职责时应承担的政治后果。政府在安全方面的政治责任主要表现为：一是保持社会稳定和恢复正常秩序的责任，防止由于事故造成社会秩序的混乱；二是采取应急措施控制危害后果蔓延的责任；三是对事故的后果所负的政治责任，具有领导职务的政府官员，即使在事故中对造成的损失没有直接责任，也要承担间接的政治责任，如引咎辞职、调离现职等。

（3）社会责任是指政府或者生产经营单位对社会的服务和管理及在促进社会公平等方面的责任。政府作为公共部门，对社会的良性运行，减少和控制社会问题负有不可推卸的责任。生产经营单位的社会责任是指企业在谋求股东利润最大化之外所负有的维护和增进社会利益的义务。生产经营单位在安全方面的社会责任主要表现为：一是保障职工权益，改善职工工作和生活条件，为职工提供安全健康的工作环境；二是提供满意产品和诚信服务；三是保护和改善生态环境；四是参与公益事业和慈善事业。

（4）道德责任是指行为主体依法必须承担的道德意义上的责任。所谓道德意义上的责任，是指虽然政府及其他行为主体不违法，但如果行为明显与社会善良风俗有悖，就应承担的道德责任。

30. 落实安全生产岗位责任制的重要意义是什么？

安全生产责任制是生产经营单位和企业岗位责任制的一个组成部分，根据“管生产必须管安全”的原则，安全生产责任制综合各种安全生产管理、安全操作制度，是对生产经营单位和企业各级领导、职能部门、有关工程技术人员和生产工人在生产中应负的安全责任加以明确规定的制度。《中华人民共和国安全生产法》把建立健全安全生产责任制作为生产经营单位和企业安全生产管理必须实行的一项基本制度，在第二章生产经营单位的安全生产保障第二十一条第一款作了明确规定，要求生产经营单位的主要负责人要建立健全并落实本单位全员安全生产责任制，加强安全生产标准化建设。第二十二条规定，生产经营单位的全员安全生产责任制应当明确各岗位的责任人员、责任范围和考核标准等内容。生产经营单位应当建立相应的机制，加强对全员安全生产责任制落实情况的监督考核，保证全员安全生产责任制的落实。

落实安全生产岗位责任制具有以下重要意义：

（1）落实安全生产岗位责任制是组织集体劳动，保证安全生产，确保安全生产管理的基本条件；

（2）落实安全生产岗位责任制是把企业安全生产工作任务，落实到每个工作岗位的基本途径；

（3）落实安全生产岗位责任制是正确处理人们在安全生产中的相互关系，把全员的创造力和科学管理密切结合起来的基本手段；

（4）落实安全生产岗位责任制是把安全生产管理建立在广泛的群众基础之上，使安全生产真正成为全员自觉行动的基本要求。

相关链接

落实安全生产岗位责任制对班组安全生产有下列重要作用。

（1）可使班组各项安全生产工作程序化、条理化；使安全生产管理有基准、安全生产考核有标准、安全生产奖惩有依据。

（2）可使班组、岗位的每位班组成员安全生产任务明确、职责清楚；使安全生产处于完善的、严格的互相促进、互相制约之中。

（3）能巩固岗位安全生产成果，达到改进班组安全生产管理、提高生产效率的目的。

（4）能凝聚班组成员的安全生产责任感，大家齐心协力共操安全生产心、共保安全生产岗，进而达到班组安全生产目标，为整个企业安全生产工作打下扎实的基础。

31. 班组中如何制定并执行安全奖惩制度以促进责任的履行?

在企业安全生产管理中，建立科学有效的安全奖惩制度是确保从业人员安全意识和行为规范的重要一环。安全奖惩制度的初衷是为了激励和改进，而非单纯惩罚。在执行中应当注重合规性，尊重从业人员权益，倡导安全是每个人的责任，推动企业安全文化的不断提升。班组中制定并执行安全奖惩制度是一种有效的管理手段，可以促使班组成员对安全工作负起更多的责任。

（1）制定安全奖励制度

1）明确奖励标准。确定安全工作的具体标准，包括事故率、安全培训合格率、安全意识活动等方面。

2）设立奖项。设立奖项，如月度最佳安全员、最佳安全团队等，奖励可以是物质奖励、荣誉证书、表彰信等。

3）奖励透明化。让所有班组成员了解奖励制度，确保透明度，以防止不公平或误解。

4）激励团队协作。设立团队奖励，激励整个班组共同努力来提高整体安全水平。

（2）制定安全惩罚制度

1）明确惩罚标准。确定违规行为的具体标准，如违反安全规程、未报告事故等。

2）设立惩罚措施。设立相应的惩罚措施，可以是口头警告、书面警告、罚款或其他适当的处罚。

3）公平公正性。确保惩罚措施的执行是公平公正的，不偏袒任何人。

4）监测和记录。持续监测班组成员的安全行为，记录违规行为和奖惩情况，以便及时调整制度。

32. 岗位安全生产责任有哪些具体要求?

（1）必须贯彻安全规程，严格执行安全技术标准。

（2）建立以班组长和班组安全员为主体的安全生产领导小组，针对本班组的安全生产问题提出措施，发动全体班组成员，查隐患、查缺陷，开展技术革新，提出合理化建议。

（3）针对生产中的薄弱环节和重要工序，确立安全生产管理重点，加强控制，稳定生产。

（4）班组可以组织群众性的自检、互检活动，支持专检人员的工作，达到共同保障安全生产的目的。

（5）及时反馈安全生产中的信息，认真做好原始记录，对发生的事故按“四不放过”的原则认真处理。

相关链接

安全生产岗位责任制一旦制定，班组应从以下方面贯彻执行：

（1）提高对安全生产的思想认识程度；

（2）一旦安全生产岗位责任制制定，全体班组成员要严格执行，班组长要带头执行；

（3）班组长要经常或定期检查贯彻执行情况，发现问题，及时解决；

（4）在制定安全生产责任时，要充分发动班组成员参加讨论，广泛听取意见；

（5）必须制定“两个责任”（即安全生产责任制和经济责任制）的考核办法，对安全生产管理的全面情况进行考核。

33. 班组长主要的安全生产责任有哪些?

班组长作为班组生产的直接指挥者，他们不仅是班组生产的领导者，更是安全文化的传播者，对班组内的安全生产状况负有全面的责任。这意味着班组长需确保所有操作遵循安全标准，并在日常工作中持续提高团队的安全意识。

（1）安全教育与培训

班组长需负责班组成员的安全生产教育和培训。他们需要深入学习相关的法律、法规、政策及安全操作程序，确保团队成员充分理解和遵守。此外，班组长还要指导班组成员正确使用各类安全防护设施和劳动防护用品，不断提升班组成员的安全意识和自我保护能力。

（2）执行交接班制度

班组长应认真执行交接班制度，保证班前和班后进行彻底的安全生产检查。要确保班组内部的自检工作得到有效实施，严禁违章操作和冒险指挥。班组长还有权禁止任何违规操作，并应自觉接受安全生产管理人员的监督与检查。面对上级的违章指挥，班组长应提出建议甚至有权拒绝。

（3）组织班组会议

定期开展班组会议，总结前一段时间的工作，布置未来的任务，并特别强调安全生产中需要注意的事项和要求。班组会议不仅是传达信息的平台，也是提升团队凝聚力和安全文化认识的重要环节。

（4）设备和环境检查

班组长需定期检查使用中的设备、劳动防护用品及作业环境，确保一切符合安全标准。一旦发现问题，应及时采取措施解决或向上级部门报告，确保隐患得到及时处理。

（5）应对紧急情况

遇到不安全的异常情况时，班组长应立即进行检查或暂停生产以进行全面检查，并及时向上级部门或分管安全生产的负责人报告。只有在确认情况安全、无异常后，才能恢复生产作业。

（6）事故处理与分析

在发生安全生产事故时，班组长必须保护好现场，并立即向车间上报，积极参与事故的调查和分析工作。通过事故分析，班组长应引导团队吸取教训，防止类似事件的再次发生。

班组长在保障安全生产方面扮演着关键角色，他们的行为和决策直接影响到班组成员的安全和整个生产过程的安全性。因此，班组长需要具备强烈的安全意识，严格遵守安全规程，不断提升团队的安全水平，为创建一个安全、高效的工作环境做出积极贡献。

知识学习

班组长的安全生产责任目标是：班组成员安全生产教育率100%，交接班制度执行率100%，安全生产检查执行率100%，班组安全会议制度执行率100%，杜绝违章指挥和违章作业，确保本班组无安全生产事故发生。

34. 副班组长主要的安全生产责任有哪些?

副班组长的首要任务是在班组长的指导下，协助进行班组建设。这不仅包括日常的团队管理和协调工作，还要确保安全生产法律、法规及各项安全生产制度得到有效执行。在实践中，这意味着副班组长需要不断更新自己对安全法规的理解和认知，确保班组的每个成员都能理解并遵守这些规定。

（1）安全生产检查

作为安全生产的守门人，副班组长需要定期进行安全检查，以识别和解决潜在的安全隐患。这包括对班组成员的日常行为进行监督，确保他们遵守安全操作规程。一旦发现任何违规行为或安全隐患，必须立即采取措施进行制止，并根据情况向班组长、值班调度室或车间报告。

（2）参与安全生产学习和会议

定期参加班组的安全生产学习和班前会议是保证安全生产的关键。在这些会议中，检查班组成员是否正确穿戴了劳动防护用品，并确保班组成员都了解当天的工作安排和潜在的安全风险。此外，检查班组成员之间的互保对子关系，确保大家能够相互监督和帮助，提高团队的整体安全意识。

（3）设备的日常维护和检查

作为副班组长还需要负责检查设备是否存在跑、冒、滴、漏等问题。这不仅涉及日常的巡检工作，还包括对设备进行定期的维护和保养，确保所有设备都处于最佳工作状态，避免由于设备故障引发安全事故。

（4）生产活动的责任担当

最后，副班组长承担着本班组生产活动中的重要职责。副班组长不仅要关注班组的日常运作，还要在生产过程中发挥领导作用，确保生产活动的顺利进行。无论是在资源分配、任务安排还是在处理紧急情况时，都需要展现出决策能力和领导才能，确保班组能够高效、安全地完成生产任务。

总结来说，作为副班组长，既要作为团队的领导者和协调者，也要作为安全生产的守护者。通过不断学习、主动行动和有效沟通，确保班组在安全和生产效率方面都能达到最优状态。

相关链接

班组长休班或因为其他原因不在岗时，副班组长要担当起班组长安全生产第一责任人的职责。

35. 班组安全员主要的安全生产责任有哪些?

班组安全员作为生产现场安全生产管理的责任人，要对班组成员在生产过程中的安全和健康负责，对所有的设备安全运行负责。以下将介绍班组安全员主要的安全生产责任。

（1）积极发现和预防事故隐患

班组安全员需具备敏锐的观察力，能够在日常工作中发现各种潜在的事故隐患。这不仅涉及对工作环境的细致观察，还包括对作业流程中可能出现的不安全因素的警觉。安全员应与班组长密切合作，及时采取有效的预防措施，以消除或降低事故发生的风险。

（2）强化班前、班后会议的安全教育

班组安全员要协助班组长组织和开展班前、班后会议，确保每次会议都有针对性地涵盖安全生产的重要内容。对于未能参加安全交底的班组成员，班组安全员应督促班组长进行补充教育，确保所有班组成员都了解和掌握必要的安全知识。

（3）全面分析安全生产现状

班组安全员需与班组长一同分析和评估安全生产的现状，探讨存在的问题及其根本原因，并基于此研究和制定相应的对策和改进措施。通过这种深入分析，可以有效提高整个班组的安全生产水平。

（4）制订和执行安全生产计划

班组安全员应协助班组长编制班组的年度安全生产目标及实施计划。这包括对新工人进行安全生产的培训，组织定期的安全知识讲座和培训，确保班组成员对安全生产的重要性有充分的认识。

（5）应对突发事件的处置和报告

在发生异常事件或不安全情况时，班组安全员需要保护现场，及时向上级汇报，并协助班组长进行事故的调查和分析。这不仅有助于及时控制和处理事故，还能为今后预防类似事件提供宝贵的经验和教训。

（6）定期检查设备和现场安全

班组安全员要定期检查班组所管辖的设备和现场设施的安全状况，确保所有设备和工器具都符合安全生产的标准和要求。此外，还需监督班组成员正确使用安全生产工器具，及时制止和纠正任何违章作业行为。

（7）参与更高层级的安全生产活动

作为班组和更高层级安全生产活动之间的桥梁，班组安全员应积极参与分厂或厂级的安全生产活动，及时传递相关的安全信息和知识。对于班组成员（包括班组长）的不安全行为，班组安全员应及时予以阻止，并向上级领导或安全生产管理部门反映。

通过这些措施，班组安全员可以有效提高班组的安全生产水平，为保障班组成员的人身安全和企业的持续发展做出重要贡献。

相关链接

班组安全员是班组长搞好安全生产的参谋和助手，班组安全员应该热心安全生产工作，具备安全生产知识和技能，有较高的技术水平，密切联系群众，勇于坚持原则。

36. 岗位从业人员主要的安全生产责任有哪些？

每位从业人员在安全生产中都扮演着至关重要的角色。根据从事的行业工种不同，从业人员所处的岗位不同，不同的岗位从业人员有不同的安全生产责任，以下介绍岗位从业人员所共有的几项安全生产责任。

（1）遵守安全生产规章制度

岗位从业人员必须严格遵守企业的安全生产规章制度和操作程序。这包括了解和掌握与其工作相关的各项安全规定，如正确操作机械设备、遵守劳动纪律、正确穿戴相应的个体防护装备等。岗位从业人员应在任何时候都坚持安全第一的原则，确保自己的行为符合安全生产的要求。

（2）参加安全生产教育和培训

岗位从业人员有责任参加企业组织的安全生产教育和培训。通过这些培训，岗位从业人员可以了解到最新的安全知识和技能，提高自身在面对潜在危险时的应对能力。定期的安全教育对于提高岗位从业人员的安全意识和操作技能至关重要。

（3）发现并上报安全隐患

岗位从业人员在日常工作中应积极发现可能导致事故的隐患。一旦发现任何安全隐患，如设备损坏、操作不当、环境危险等，岗位从业人员应立即上报给直接上级或安全生产管理部门。主动上报隐患是预防事故发生的重要环节。

（4）正确使用和维护设备

岗位从业人员有责任正确使用和维护他们操作的机械设备和工器具。这包括按照操作说明书和安全规程操作设备，定期进行设备检查和维护，确保设备处于良好的工作状态。任何设备的故障都应及时上报，以免造成安全事故。

（5）正确应对紧急情况

在紧急情况下，如发生事故或发现火灾等，岗位从业人员应当知晓并能够正确执行紧急预案。这包括熟悉疏散路线、会使用消防器材、知道如何在不同的紧急情况下保护自己和同事的安全。

（6）参与事故调查和分析

在发生工作相关事故后，岗位从业人员应积极参与事故的调查和分析。通过分析事故原因，岗位从业人员可以学习如何预防类似事件再次发生，提高整体的安全生产水平。

（7）倡导安全文化

岗位从业人员应在工作中积极倡导安全文化，通过自己的言行影响和激励同事重视安全生产。这包括在日常工作中互相提醒安全注意事项，共同创建一个安全、健康的工作环境。

（8）持续提高安全生产素质

岗位从业人员应不断提高自己的安全生产素质。这不仅包括掌握专业知识和技能，还包括提高自身对安全风险的认识和应对能力。通过不断学习和实践，岗位从业人员可以更好地适应不断变化的工作环境和安全要求。

岗位从业人员的安全生产责任是全方位的，既包括遵守安全规定、参与培训，也涉及主动发现隐患、正确操作设备、参与事故处理和持续提升自身的安全素养。每位岗位从业人员的积极参与对于构建安全生产环境至关重要。

法律提示

《中华人民共和国安全生产法》第五十七条规定，从业人员在作业过程中，应当严格落实岗位安全责任，遵守本单位的安全生产规章制度和操作规程，服从管理，正确佩戴和使用劳动防护用品。

第五十八条规定，从业人员应当接受安全生产教育和培训，掌握本职工作所需的安全生产知识，提高安全生产技能，增强事故预防和应急处理能力。

第五十九条规定，从业人员发现事故隐患或者其他不安全因素，应当立即向现场安全生产管理人员或者本单位负责人报告；接到报告的人员应当及时予以处理。

37. 班组内有新成员加入时，班组应如何确保他们迅速了解并承担相应的安全责任？

当班组内有新成员加入时，确保他们迅速了解并承担相应的安全责任是至关重要的。

（1）安全意识初步培训

新成员加入班组的首要任务是接受安全意识的初步培训。这应包括公司的安全文化介绍、基本的安全规则和规章制度、紧急情况下的应对措施等。这些培训应由经验丰富的班组安全员或班组长亲自进行，确保新成员对安全的重要性有充分的认识。

（2）岗位安全技能培训

针对新成员的具体岗位，进行专门的安全技能培训。这包括操作设备的正确方法、特定工作环境下的安全注意事项、个体防护装备的正确使用等。通过这种针对性的培训，新成员可以快速掌握其岗位所需的安全技能。

（3）现场实操练习

理论培训之后，应安排新成员进行现场实操练习。在经验丰富的从业人员指导下，新成员可以在实际工作环境中应用所学的安全知识和技能。这不仅有助于巩固理论知识，还可以提高新成员对实际工作中可能遇到的安全问题的应对能力。

（4）安全导师制度

为新成员指定经验丰富的安全导师。安全导师负责对新成员进行日常的监督和指导，及时解答其在工作中遇到的安全问题，帮助其快速适应新环境，并确保其安全操作。

（5）安全文化融入

通过日常交流和定期会议，将安全文化融入新成员的工作生活中。可以通过分享安全事故案例、开展安全知识竞赛、参与安全演习等多种形式实现。这样做可以增强新成员的安全意识，使其理解安全工作的重要性。

（6）安全责任的明确和承诺

清晰地向新成员传达他们的安全责任，并要求他们作出相应的安全承诺。这包括遵守安全操作规程、主动报告安全隐患、参与安全会议等。通过明确责任和承诺，新成员可以更清楚地理解自己在安全生产中的角色和责任。

（7）定期评估和反馈

对新成员的安全表现进行定期评估，并提供及时的反馈。评估可以基于其遵守安全规程的程度、参与安全活动的积极性、处理安全问题的能力等方面进行。通过反馈和持续的指导，新成员可以不断提升自己的安全操作水平。

（8）持续的安全教育和提升

即使新成员已经完成初步的安全培训，班组也应持续提供安全教育和提升机会。这包括参加高级安全培训课程、学习新的安全技术或参与跨班组的安全交流等。通过持续学习，新成员可以不断提高其安全技能和意识。

总结来说，确保新成员迅速了解并承担相应的安全责任，需要从多个方面进行综合考虑。这包括培训、实操、文化融入、持续教育等多个环节，以建立一个全面的安全培养体系。通过这样的体系，新成员可以快速融入班组，成为一个对安全生产有着高度认识和责任感的从业人员。

四、实现班组安全生产目标

38. 实现班组目标化管理的重要性是什么?

在现代企业管理中，班组目标化管理是一种重要的管理模式。这种管理方式强调通过明确的目标来引导和激励班组成员，从而达到提高效率和质量的目的。以下几点阐述了班组目标化管理的重要性。

（1）明确工作方向，提高效率

通过目标化管理，班组成员可以明确自己的工作方向和职责。这种明确性避免了班组成员在工作中的迷茫和无效劳动，减少了因走弯路而造成的时间浪费。例如，一个生产线的员工，如果清楚地知道他们的目标是每天生产一定数量的产品，并保证产品质量，他们就可以更有针对性地工作，减少失误和重复劳动。

（2）过滤无关事务，增强工作的针对性

目标的设定像是一个过滤系统，帮助班组成员区分哪些是重要且必须完成的任务，哪些是次要或无关紧要的事务。这样的过滤作用使得班组成员能够集中精力处理最重要的工作，从而大幅提高工作效率。在这种管理模式下，工作变得井然有序，每个人都能清楚地知道自己的优先事项。

（3）激发班组成员潜能，提升团队士气

目标化管理不仅是一种任务分配方式，还是一种激励机制。当班组成员实现了既定的目标，他们会获得成就感，这种成就感是激发班组成员潜能的强大动力。班组成员在实现目标的过程中会逐渐建立起自信，愿意接受更高难度的挑战，从而推动整个团队向更高的目标前进。目标管理的关键在于激励班组成员，而不仅是控制班组成员。

（4）促进团队协作和沟通

在目标化管理下，班组成员需要密切协作，共同为实现目标而努力。这种协作过程自然而然地促进了团队内部的沟通和理解。每位班组成员都明白自己的工作如何与他人的工作相互依赖，从而增强了团队凝聚力和合作精神。

（5）持续改进与创新

目标化管理鼓励班组不断地设定新目标，并在实现目标的过程中寻找改进的机会。这种持续的目标追求促使班组成员思考如何更有效地完成工作，激发创新思维。随着时间的推移，这种不断追求卓越的文化将在团队中根深蒂固。

（6）适应性与灵活性

在快速变化的商业环境中，班组需要快速响应市场和技术的变化。目标化管理提供了这种适应性，因为它允许目标根据外部环境的变化而灵活调整。这样团队可以保持竞争力，及时调整策略以应对新的挑战和机遇。

综上所述，班组目标化管理是提高工作效率、激发班组成员潜能、增强团队凝聚力和适应市场变化的有效工具。通过实施这种管理模式，企业可以更好地实现其战略目标，同时为班组成员提供一个更具成就感和参与感的工作环境。

知识学习

目标和目标管理是不同的。目标是一种期望或设计达到的结果；目标管理是通过设定不同方面和层级目标的方法，引导执行者追求，能给予执行者成就感，激发执行者潜能，快速、有效地实现最终目标的管理方法，它是一个实现目标的过程。

39. 如何落实安全生产目标?

安全生产目标是指为了保障生产经营过程中的员工设施和资产的安全而制订的具体目标和计划。以下将介绍安全生产目标应如何进行落实。

（1）安全生产总目标设定后，必须实施层级分解，使目标逐步具体化。这种对总目标的逐级分解或细分，称为目标展开。目标展开的主要目的在于形成完整的纵横方向的目标网络体系。这一过程精确而细致，需要考虑到各层级的特定需求和能力。例如，高层管理的目标可能着重于策略和资源配置，而基层员工的目标则可能是具体的操作安全标准。目标展开不仅是一种行政流程，而是一种确保每个层级都能理解、接受并投入安全生产中的有效策略。

（2）在企业安全生产总目标确定后，接下来的步骤是制定实现这些目标的具体措施。这包括但不限于培训计划、安全标准更新、风险评估和应急预案的制定。重要的是，这些措施必须转化为各部门、各班组甚至每位班组成员的具体行动。这种层层落实的过程不仅确保了目标的实现，还促进了企业文化中安全意识的内化。有效的沟通渠道和反馈机制在这一过程中至关重要，确保所有层级都能及时接收信息并作出适当的调整。

（3）在措施体系的制定中，必须确保安全生产措施与安全生产目标相对应。这意味着每个目标都需要有针对性的保证措施。例如，如果目标是减少工伤事故，相应的措施可能包括提高安全培训的频次、引入更先进的安全设备或改善工作场所的安全条件。这种对应关系确保了每个目标不是孤立的，而是有一个清晰的路径可以追踪和评估。

（4）在企业中，各级目标的作用和地位有所区别。通常，越是上层，目标越具有战略性、指导性和概括性；越是下层，目标则越具有战术性，内容越要具体。例如，管理层可能关注的是整体的安全文化和长期的安全发展战略，而基层员工则更关注日常的安全操作和即时的风险应对。目标展开的常见模式是按照目标设定程序图规定的层级进行展开，把上一级的措施作为下一级的基础目标。这种自上而下的方法有助于保持整个组织在安全生产目标上的一致性和连贯性。

总的来说，安全生产目标的落实是一个全面而系统的过程，涉及企业的每个层面和个体。通过明确的目标设定、具体的措施实施及有效的沟通和反馈机制，可以构建一个安全、高效的工作环境，不仅保护从业人员的健康和安全，也有助于企业的长远发展。

相关链接

制定措施（即方针展开）体系应注意：要用系统展开图示表达；方针展开必须由上而下系统展开，各级相互关系要注明，负责人、日期也要注明；方针一定要按项目展开（部门、设备、产品性质、操作人员等项目）；方针要用数据说话，否则将不可靠。

40. 如何确保班组的安全生产目标与整体企业安全目标相一致?

确保班组的安全生产目标与整体企业安全目标相一致是管理中的关键问题。这不仅有助于预防事故和降低风险，还有助于促进企业文化和提高从业人员的安全意识。

(1)整体企业安全生产目标的明确化与传达

需要清晰地定义企业的总体安全生产目标，并将其有效地传达到每个班组。这包括培训会议、内部通信等方式，确保每位从业人员都理解这些目标的重要性和紧迫性。可以强调目标的具体性、可测量性、相关性和时限性，确保每个人都对这些目标有一个清晰的认识。

(2)班组安全生产目标的设定

班组安全生产目标的设定应与企业总体目标相协调。这意味着班组的目标不仅要反映企业的总体安全方针，还要考虑班组自身的具体情况和风险点。讨论如何结合班组的具体工作内容、历史安全记录和潜在风险来设定切实可行的目标。

(3)沟通与合作

强调班组与企业安全生产管理层之间的沟通和合作的重要性。介绍定期的沟通机制，如会议、报告和反馈渠道，确保班组的安全需求和挑战能够被管理层所了解，并得到适当的支持和资源。

(4)培训与教育

为了保证班组能够有效地实现安全生产目标，强调定期进行安全培训和教育的重要性。这包括提供有关最佳安全实践、事故预防和应急响应的培训，以及确保所有从业人员都了解企业的安全政策和程序。

（5）监督与评估

讨论如何通过持续的监督和定期的评估来确保班组安全生产目标的实现。这包括定期的安全巡查、事故和差错报告机制，以及通过数据分析和安全表现指标来评估安全目标的达成情况。

通过以上步骤，可以确保班组的安全生产目标不仅与企业的整体安全目标一致，而且能够有效地实施和监控，从而在保障从业人员安全的同时提高整个企业的安全生产管理水平。

41. 如何考核班组安全生产目标？

考核班组的安全生产目标是一个多方面、多层次的过程。在制定和考核这些目标时，关键在于确保所有的安全措施都能得到有效的执行，同时还要确保这些措施能够对提高工作场所的整体安全性产生积极影响。以下是一些关键的考核步骤和标准，可用于评估班组的安全生产目标。

（1）目标设定与预期成效

需要详细描述安全生产目标的设定过程，包括目标的具体内容、预期达成的成效以及为什么这些目标对于班组至关重要。还可以包括目标的企业管理（SMART）原则（具体、可测量、可实现、相关、时限性）特点，并解释这些特点如何与班组的日常工作紧密相连。

（2）目标实施结果的检查细节

深入探讨目标实施过程中和完成后的检查机制。可以具体描述自我检查的流程、频率、责任人以及如何记录和报告自我检查的结果。对于上级检查，说明其在时间安排（如月度、季度、年度）上的不同，以及如何确保检查的客观性和全面性。

（3）问题识别与改进措施

在实施过程中遇到的问题和挑战需要被识别并加以解决。可以详细说明如何通过检查过程发现问题，如何分析问题根源，以及如何制定和实施改进措施。此外，还可以讨论如何确保这些改进措施得到有效执行和监督。

（4）目标实施结果的评价及步骤

详细描述目标实施结果评价的标准、方法和步骤。可以包括如何收集和分析数据、如何评估各执行层次对目标完成情况的贡献、存在问题的分类及其影响，以及对目标管理思路和方法的综合评价。

相关链接

目标实施结果的评价步骤：首先是由目标执行者对目标完成情况按照评价方法中规定的标准进行自我评定，对完成目标所实施的方案、进度、手段、条件等情况进行综合评定，总结成功经验和失败教训。其次是上级指导，上级以检查结果和目标卡为依据，在协商、讨论的基础上，对目标执行者进行指导。最后是正确评价其结果，找出成功经验，指出不足之处的原因。评价结果作为奖惩依据，并要切实兑现，使安全生产目标管理具有持久性和严肃性。

42. 制定班组安全生产管理目标应遵循哪些原则?

在任何工作环境中，安全生产管理是至关重要的，其核心在于设定明确、具体且实现可行的目标。为了在班组中有效实施安全生产管理，需要明确各级安全目标，并将这些目标与每位从业人员的具体安全职责紧密结合起来。下面将介绍制定班组安全生产管理目标应遵循的原则。

（1）根据上一层次安全生产管理的分目标或子目标及班组自身的实际情况，与从业人员一起制定。

（2）班组安全生产管理目标应使整个班组的安全生产管理工作与每位从业人员应承担的具体安全生产责任充分地融为一体。

（3）目标管理是一种过程，是一种动态管理，通过检查、监督、信息反馈及对目标的调整来保证总目标和分目标的完成。

（4）安全生产管理目标要切合实际，分清主次，突出重点，内容明确，具有可操作性。

（5）对安全生产目标的实施结果应进行评比、考核，确定奖惩办法，激励从业人员自觉地遵守各项安全生产规章制度和操作规程。

知识学习

安全生产管理目标的建立与班组及个人的安全生产责任制相结合，并形成规范化的制度管理，以所制定的安全生产目标来要求和规范班组成员的安全行为。

43. 班组安全生产目标主要有哪些内容?

班组安全生产目标化管理是建立一整套科学的管理制度和责任制度。班组安全生产状况的好坏离不开班组成员的安全意识、技术素质和遵章作业的自觉性。为此，实行班组安全生产目标管理首先要从制度上提供保证，如建立班组安全思想教育制度，把思想教育列入班组考核的内容，使班组成员自觉参加教育活动。

建立技术培训制度，定期对班组成员进行技术培训、考核，特别是要让技术过关的人员担任班组长，上岗前要经过培训，达到持证上岗。建立工程质量检查验收、交接班和工作汇报等各项制度，使班组之间互相配合、互通信息，保证及时消除安全生产事故隐患，避免班组之间相互“扯皮、作梗”的情况发生。

相关链接

制定班组安全生产责任制，除了要明确班组长和班组安全员的责任制之外，还要制定全班和每位班组成员的责任制，做到责、权、利三者有机统一，使每个人各司其职、各负其责，激发出每位班组成员的积极性，真正把安全生产作为自己义不容辞的责任，以高度的责任感搞好安全生产工作。

44. 班组长在实现安全生产目标中的重要作用是什么？

班组长既是生产一线的直接组织指挥者，又是生产一线作业的带头人。其素质高低，直接制约着班组安全生产目标管理的实现。

要使班组的工作顺利开展，确保安全生产管理目标的实现，一是要做好班组长的择人授任，即所择用的班组长应具备以下条件：作风正派、办事公道，能带领班组成员工完成各项任务；技术过硬、关心班组成员、善于协调人际关系，身体素质好，能吃苦耐劳；目标一致、相互协作，这样，才能带领班组成员落实好各项措施，遵章操作，确保安全生产。二是要加强班组长教育，严格培训、严格考核，提高他们的政治素质、技术素质、管理素质。只有素质较高的班组领导核心，才能更好地落实班组安全生产的各项措施、制度，才能实现安全生产管理的最终目标。

相关链接

从生产一线的班组长队伍情况上看，不同程度地存在这样一些问题：有的班组长不了解自己的基本职责，不善于合作只顾自己干活；不抓班中管理，调度无方，往往导致事故；只顾本班产量多少，不顾下个班次人员的安危，“扯皮”现象严重、忽视安全保护，更不用说防患于未然了。同时，有的企业领导对班组长的要求很低，片面认为身强力壮就行，导致无人想当班组长这个“苦差”。因此企业应重视班组长队伍的建设，把班组长队伍建设当成一件大事来抓。

45. 班组安全生产目标责任书的主要内容应包括哪些部分?

（1）总目标部分

此部分内容是指根据法律、法规要求，为达到安全生产方针，依据相关原则来制定此责任书。

（2）权利和义务

此部分内容包括督促检查安全生产工作，及时消除安全事故隐患；加强对从业人员的安全培训，不断提高从业人员的安全操作水平；定期检查从业人员劳动防护用品的发放、使用和佩戴情况；在安全生产工作中，要全面贯彻执行安全生产方针政策、法律、法规、标准，健全和落实安全生产责任制，审定颁发本单位统一性的规章制度等。

（3）工作目标

此部分内容包括制定此责任书所要求达到的目标。

（4）考核与奖惩

此部分内容包括工段、班组的月考核由车间主任、副主任结合工作落实情况、安全生产绩效等进行全面考核；车间月考核由总经理办公室和分管副总经理结合工作落实情况、安全生产绩效等全面考核；年终考核由主管安全生产的副总经理负责组织，结合全年安全生产情况，提出奖罚建议，由公司会议研究决定；对出现重大事故的单位、车间主要负责人，报请上级主管部门给予行政处分，构成犯罪的移交司法机关，追究法律责任等。

（5）其他内容

此部分包括责任书的有效期、如何落实和如何存档、班组责任人签字等。

知识学习

班组安全生产目标责任书的工作目标可定为以下几个方面。

（1）在公司安全生产领导小组和上级有关部门的领导下，全面贯彻执行法律、法规和公司、车间有关安全生产的规定。

（2）加强对从业人员的岗位技能培训，不断提高从业人员的安全生产素质。

（3）监督、教育从业人员按规定使用、佩戴劳动防护用品，严防各类安全事故的发生。

（4）根据本单位的安全生产特点，对安全生产状况进行经常性检查，对检查发现的问题，应立即处理。不能处理时，应及时报告本单位有关负责人，检查及处理结果应当记录在案。

（5）对安全生产设备进行经常性维护保养并定期检测，保证设备的正常运转，维护、保养、检测应当做好记录，并由有关人员签字。

（6）应当教育和督促从业人员严格执行本单位的安全生产规章制度和安全检查操作规程，并向从业人员如实告知作业场所和工作岗位存在的危险因素、防范措施及事故应急措施。

46. 班组应如何做好安全工作以实现共同的安全生产目标?

在当今快速发展的工业时代，安全生产已经成为每个企业和工作班组不可或缺的重要组成部分。班组长在这一过程中扮演着至关重要的角色。他们不仅是落实安全生产责任制的关键人物，更是塑造和维护安全文化的先锋。下面将介绍班组长在安全生产中的各项责任和行动措施，从基本的安全教育和日常工作程序化管理到更深层次的安全文化建设和习惯性违章的预防。通过这些措施的实施，可以强化安全意识，提高整个班组的安全生产管理水平，确保每位班组成员的生命安全和工作环境的安全，实现共同安全生产的目的。

（1）落实班组安全生产责任制

班组长的安全生产责任有以下几条：

1）宣传贯彻安全生产方针，在安全上以身作则，率先规范。

2）开好班前会、班后会，落实“五同时”，认真开展“两查、两交”活动。

“五同时”包括制订工作生产计划的同时制定安全措施和方案、布置工作生产任务的同时布置安全注意事项、检查工作生产质量进度的同时检查安全隐患、总结工作生产的同时总结安全经验教训、评比表扬生产工作先进的同时评比表扬安全生产积极分子。“两交”包括交代作业任务、质量要求，交代安全措施、危险源辨识和文明生产要求。“两查”包括查任务完成情况、查安全文明生产情况。

3）严格安全教育、纪律教育，制止违章行为。

4）制定适宜的安全目标、安全措施，分解安全目标到每个岗位和每位班组成员，检查并严格考核。

5）组织好各项安全（如日、周、班前、班后等）活动，抓好安全评比，预防和预测安全生产事项。

6）检查班组内作业场所及责任区，落实安全措施。发生异常事故后，认真抓好事故“四不放过”。

7）抓好现场设备、设施、工器具等管理工作，做到工完场清，不留后患。

（2）强化班组长“一日”工作程序化

班组长“一日”工作程序化是规范班组作业的基础，也是防范和极大限度减少事故发生的前提条件。首先班前会要明确任务、安全交底、注意事项、危险源辨识等。班后会主要内容是对作业的原始记录和工作票、操作票进行一一核对，施工作业的还要有监理方、业主方鉴定的原始作业记录。其次对已存在的问题和需要改进的事项在班后会上要具体记录，以便今后改进。同时，作为班组长，在班组成员开始作业及作业过程中也要进行跟踪验证与巡查，在有监理人员的项目施工作业时，班组长一定要协同监理人员共同做好过程安全监察。

（3）积极开展反“习惯性违章”活动及危险源辨识

习惯性违章是指固守旧有的不良作业传统和工作习惯，违反国家和上级制定的有关规章，违反本单位制定的现场管理规定、操作规程、检修规程、操作办法等进入工作作业现场进行作业，不论是否造成后果，统称为习惯性违章。班组工作中常出现的三类“习惯性违章”主要是行为性违章、装置性违章和管理性违章。工作中存在“习惯性违章”的主要原因包括认识不到位、麻痹大意、熟视无睹，存在侥幸心理；想当然、怕麻烦、无所谓、不投入，以为安全只有投入没有产出，存在经营糊涂思想；怕得罪人，当“老好人”，对这点“小事”犯不着撕破脸皮，任其发展，终归酿成大祸。班组长要积极组织班组成员开展反“习惯性违章”活动，做到警钟长鸣。

（4）建立健全班组安全生产管理规章

近几年来我国对安全生产工作有许多立法、条例和规定出台，对完善各项班组安全生产管理规章提供了可靠的法律依据。班组要将企业劳动防护专职机构安全生产的指令、安全规章制度、安全技术知识以及其他部门的劳动防护工作经验等传播给全体班组成员。将这些内容结合工作实际转化为班组的安全生产管理规章制度。要形成班组安全活动的规定、班组安全台账管理、归档的规定等。

（5）创新性开展班组安全活动

在诸多的事故中对其致因分析后初步认识到，对于“人因”的认识还存在着深层次上的欠缺，这就是，在常规认识到的人的安全知识、安全技能、安全意识以外，还应正视观念、态度、品行、道德、伦理、修养等更为基本和深层的人文因素和人文背景，而这些又恰恰被我们所忽略或不够重视。

47. 在实现安全生产目标的过程中，班组如何保持班组成员的安全意识？

安全生产不但是一项技术任务，而且涉及管理、文化、心态等多个方面的综合挑战。其中，班组长的角色尤为重要。作为班组的领导者，班组长不仅需要在安全生产方面起到示范作用，而且还要通过一系列具体措施确保团队的安全生产责任得到有效落实。从传达安全生产方针，到组织班前会和班后会，再到制定和执行安全措施，班组长在维护工作场所安全方面扮演着关键角色。

（1）树立安全生产法治观念

为了切实树立安全生产法治观念，严肃法纪，对那些玩忽职守、不负责任、不遵守安全制度、违章冒险作业及强迫命令、乱指挥等从而造成重大伤亡事故者，要严肃处理，确保安全生产。增强班组成员的主人翁责任感，做到对工作认真负责，爱护国家财产，班组成员之间相互尊重，密切配合，齐心协力。

搞好班组生产管理，实行均衡生产，不随意加班加点，不搞拼体力、拼设备的“连轴转”，搞好设备、工器具管理，坚持维护保养和使用制度，使设备保持良好状态，正常运转、正常使用，不出现任何带病工作现象。

（2）树立安全生产的科学管理思想

安全生产管理是通过一整套完整的科学管理制度，并实行统一指挥来实现的。以往所规定的规章制度大部分都是前人从生产实践中，经过科学试验总结出来的，是实现安全生产行之有效的经验总结，所以班组长一定要组织班组成员认真学习，贯彻执行，严格考核。为搞好安全生产，一定要逐步完善科学管理思想，做好事故的预测、预报，努力实现安全生产管理科学化、试验设备安全化，实现试验操作规范化、制度化和科学化，才能保证设备和人身安全，保障班组成员在工作过程中的安全健康，保质保量完成生产任务。

（3）搞好班组安全生产工作

1）要搞好班组安全生产工作，首先要明确班组长在安全工作中责任，保证其对班组的安全生产负责。要认真贯彻执行有关安全生产的方针、政策、法规和各项规章制度，有计划的布置、检查、总结、评比安全工作。

2）班组安全员认真组织好安全活动。

3）坚持定期对试验设备检查制度，对设备安全装置及安全设施、工作场所周围环境及班组成员精神状态等进行检查，发现不安全因素及时清除。

4）经常教育班组成员自觉遵守生产纪律和严格按安全操作规程进行作业，牢固树立“安全第一”的思想。

5）积极组织开展“无违章、无隐患、无事故”活动，制止违章，严格考核，奖惩分明，教育班组成员遵章守纪，确保安全生产。

（4）班组安全员的责任

班组安全员既要积极协助上级领导开展好安全工作，也是各部门搞好安全工作的助手，对安全生产工作负有一定的责任，其主要工作如下：

1）协助班组长开展安全生产工作，贯彻党的安全生产方针、政策、法规和各项规章制度；

2）搞好班组新工人三级安全教育工作，认真组织好安全生产活动；

3）坚持每天检查督促，全体班组成员遵守安全规定和正确使用穿戴劳动防护用品。

五、掌握安全生产技术

48. 安全人机工程是什么？

安全人机工程是运用人机工程学的理论和方法研究“人—机—环境”系统，并使三者在安全的基础上达到最佳匹配，以确保系统高效、经济运作的一门综合性的学科。

安全人机工程主要研究内容包括以下四个方面。

（1）分析机械设备及设施在生产过程中存在的不安全因素，并有针对性地进行可靠性设计、维修性设计、安全装置设计、安全启动和安全操作设计及安全维修设计等。

（2）研究人的生理和心理特性，分析研究人和机器各自的功能特点，进行合理的功能分配，以构建不同类型的最佳人机系统。

（3）研究人与机器相互接触、相互联系的人机界面中的信息传递的安全问题。

（4）分析人机系统的可靠性，建立人机系统可靠性设计原则，据此设计出经济、合理及可靠性高的人机系统。

知识学习

在人机系统中，人始终起着核心和主导作用，机器起着安全可靠的保证作用。解决安全问题的根本途径是实现生产过程的机械化和自动化，让工业机器人代替人的部分危险操作，从根本上将人从危险作业环境中解脱出来，实现安全生产。

49. 人机系统的类型有哪些?

人机系统类型多种多样，有些很简单，有些极复杂，主要有以下两种分类方法。

（1）从反馈作用上可分为闭环人机系统和开环人机系统

闭环人机系统也叫反馈控制人机系统，其特点是系统的输出直接作用于系统的控制；开环人机系统的特点是系统输出不对系统的控制发生作用，所提供的反馈信息不能控制下一步的操作。

（2）从自动化程度上可分为人工操作人机系统、半自动化人机系统和自动化人机系统

人工操作人机系统中，由人供给系统所需动力并控制整个操作过程；半自动化人机系统中，人作为生产过程的控制者，在操作过程中感知信息和处理信息，操纵具有动力的机械设备；自动化人机系统中，人可以通过显示器对生产过程进行监督，生产过程中的信息接收及处理全部由机械完成。

知识学习

自动化人机系统是当前追求的热点，能够大量解放人力。但是，即使是完全自动化的人机系统，人仍然占有主动地位，生产过程仍需要人进行决断，并不能完全取代人在系统中的决定作用。

50. 机械设备本质安全化主要内容有哪些?

机械设备的本质安全措施可以通过机械设备本身和控制器的安全设计来实现。机械设备本质安全化的基本思路有以下

两点。

（1）从根本上消除发生事故的条件。许多机械事故是由于人体接触了危险点，将危险操作采用自动控制、用专用工器具代替人手操作、实现机械化等都是保证人身安全的有效措施。

（2）机械设备能自动防止操作失误和机械设备故障时应有自动防范措施，以避免发生事故。这些措施应能达到的目的：即使操作失误，也不会导致设备发生事故；即使出现故障，应能自动排除、切换或安全停机；当设备发生故障时，不论操作人员是否发现，设备应能自动报警，并做出应急反应，更理想的是还能显示设备发生故障的部位。

相关链接

机械设备本质安全化可以通过以下三个方面实现。

（1）设计阶段。采用技术措施来消除危险，使人不可能接触或接近危险区，或者将危险区完全封闭，采用安全装置，实现机械化和自动化等。

（2）操作阶段。建立有计划的维护保养和预防性维修制度；采用故障诊断技术，对运行中的设备进行状态监督；避免或及早发现设备故障，对安全装置进行定期检查，保证安全装置始终处于可靠和待用状态，提供必要的劳动防护用品等。

（3）管理措施。指导设备的安全使用，向用户及操作人员提供有关设备危险性的资料、安全操作规程、维修安全手册等技术文件；加强对操作人员的教育和培训，提高操作人员发现危险和处理紧急情况的能力。

51. 人机系统常见的安全生产事故及其原因?

（1）人机系统常见的安全生产事故主要有以下几种。

1）卷入和挤伤。两旋转件之间或旋转件与固定件之间的运动将人体某一部分卷入或挤伤。

2）碰撞和撞击。如做往复直线运动的工作台或滑枕等执行件撞击人体，高速旋转的工器具、工件及碎片等击中人体，起重作业中起吊物坠落砸伤人或人从高层建筑上坠落伤亡。

3）接触伤害。人体某一部分接触到运动或静止机械的尖角、棱角、锐边、粗糙表面等发生的划伤或割伤的机械伤害和接触到过冷、过热及绝缘不良的导电体而发生冻伤、烫伤及触电等伤害事故。

（2）产生人机系统常见安全生产事故的原因主要有以下几个方面。

1）机械设备存在先天性潜在缺陷。属于这一类的潜在安全隐患涉及面很广，包括从设计到制造的各个环节，如零件材料缺陷及材料选择不当、基础设计不当、强度计算不准、结构设计不当、操纵控制机构设计不当、显示装置设置不当、无安全防护装置以及制造中的加工装配不当等。

2）机械设备磨损或老化。使用过程中由于磨损或老化，降低了机械设备的可靠性而产生新的潜在危险因素，如裂纹、腐蚀等缺陷，但由于未被发现而“带病”运转。

3）人的不安全行为。包括因缺乏安全意识而产生的错误行为及由于人脑对信息处理不当而发出的无意识错误行为，如误操作或误动作。人的任何一种不安全行为都可能导致事故发生。

52. 班组生产中，如何控制常见的人机事故？

人机事故的发生往往因人的不安全行为和物的不安全状态造成。因此，在班组生产中，为了防止事故的发生，主要应当防止出现人的不安全行为和物的不安全状态，在此基础上充分考虑人和环境的特点，使之在工作中相互匹配，提供良好的工作环境。

（1）控制人的不安全行为

首先，要对人员结构和素质情况进行分析，找出容易发生事故的人员层次和个人及最常见的人的不安全行为。然后，在对人的身体、生理、心理进行综合考察的基础上，合理选配人员。从研究行为科学出发，加强对人的教育、训练和管理，提高生理、心理素质，增强安全意识，提高安全操作技能，从而最大限度地减少、消除不安全行为。可采取的具体措施包括职业适应性检查；人员的合理选拔和调配；安全知识教育；安全态度教育；安全技能培训；制定作业标准和异常情况处理标准；作业前的培训；制定和贯彻实施安全生产规章制度；开好班前会；做好班组三级安全教育；实行确认制；作业中的巡视检查监督指导；竞赛评比，奖励惩罚；经常性的安全教育和活动。

（2）控制物的不安全状态

为消除物的不安全状态，应把重点放在提高技术装备（如机械设备、仪器仪表、建筑设施等）的安全化水平上。技术装备安全化水平的提高也有利于安全生产管理和防止人的不安全行为，可以说，技术装备的安全化水平在一定程度上决定了工伤事故的发生概率。为了提高技术装备的安全化水平，必须大力推行本质安全技术。具体包括以下两方面的内容。

1）失误安全功能是指设备、设施或工艺技术具有自动防止人的不安全行为的功能，操作者即使操作失误也不会发生事故和伤害。

2）故障安全功能是指设备、设施发生故障或损坏时能暂时维持正常工作或自动转变为安全状态。

53. 班组生产常见的粉尘来自哪里?

人类在生产活动、生活活动及自然界的分化、腐蚀、气体流动均可产生粉尘。班组生产活动中产生的粉尘称为生产性粉尘，生产性粉尘是指生产过程中形成的，能长时间飘浮在空气中的固体微粒。

生产性粉尘的来源可根据生产方式及行业的不同进行区分。

（1）根据生产方式不同

固体物质的机械加工，如粉碎、钻孔、研磨、切割等；固体物质的不完全燃烧，如燃煤产生的煤烟雾等；固体加热时蒸汽的凝结，如金属冶炼、铸造、电焊等；固体粉末的包装、搬运、混合、过筛等。

（2）根据产生粉尘的行业不同

矿山开采业，如金属矿山和非金属矿山的开采；机械加工业，如铸造业；冶炼业，如炼铁、炼钢等矿石的粉碎、烧结、选矿；筑路业，如铁路、公路修建中的隧道开凿及铺路；水电业，如水电行业中的隧道开凿及运输。

以煤的生产为例，生产过程中对固体物质进行机械性破碎、研磨等产生粉尘，如煤的粉碎。金属冶炼或者对物体进行加热时，物理化学过程产生的升华或者蒸汽，在空气中凝结或氧化形成微小尘粒，如焦炉装煤或推焦的过程。有机物质燃烧或不完全燃烧时，排放物中含有大量微小的尘粒和烟雾，如煤的自燃或者燃烧时氧气供应不足等其他原因不能充分燃烧，烟气排出物质中含有多种形式的尘粒。在对粉状煤物料的混合、转运、筛分、包装、卸料等生产过程中，有大量尘粒从设备缝隙中溢出等。

54. 班组生产常见的毒物有哪些?

毒物以固体、液体、气体或气溶胶的形式存在，班组生产中接触的毒物类型因生产行业及岗位的不同有所不同。常见的毒物包括但不限于以下几个方面。

（1）以气体形式存在的毒物

气体是指没有一定形状，没有一定体积，可以流动的物质。在空气中多呈气体形态存在的毒物有氯化氢、氰化氢、二氧化硫、氯气等。

（2）以蒸气形式存在的毒物

以蒸气形式存在的毒物是指固体升华、液体蒸发或挥发时形成的蒸气。凡沸点低、蒸气压力大的物质都易形成蒸气。对液态物质进行加热、搅拌、喷雾、通气及超声处理时可加速挥发，暴露面积越大越能促进挥发，如喷漆作业中的苯、丙酮、醋酸酯类等蒸气。

（3）粉尘

能较长时间悬浮在空气中的固体微粒称为粉尘，其粒径大小多在 0.1 ~ 10 μm。固体物质经机械粉碎或碾磨时可产生粉尘，如采矿与矿石加工、筑路等。

（4）以烟的形式存在的毒物

为悬浮在空气中直径小于 0.1 μm 的固体微粒，某些金属熔融时产生的蒸气在空气中迅速冷凝或氧化而形成烟，如熔炼铅、铜、镉和锌等金属所产生的铅烟、铜烟、镉烟和锌烟等。

（5）以雾的形式存在的毒物

为悬浮于空气中的液体微粒，多由于蒸气冷凝或液体喷洒形成的。如电镀时的铬酸雾，金属酸洗时的硫酸雾，农药喷洒时产生的农药雾。

（6）以气溶胶形式存在的毒物气溶胶

毒物气溶胶为飘浮在空气中的粉尘、烟及雾的统称，如油性气溶胶。

55. 班组生产常见的物理性危险和有害因素有哪些类型?

物理性危险和有害因素是指以物理的方式或特性造成人

或物损害的物体状态、能量、要素、因素、条件的总称，如高温、高气压、振动、噪声、辐射、机械伤害等。根据《生产过程危险和有害因素分类与代码》（GB/T 13861—2022）可知，在班组生产过程中常见的物理性危险和有害因素包括以下几种类型。

（1）设备、设施、工具、附件缺陷。包括强度不够、刚度不够、稳定性差、密封不良、耐腐蚀性差、应力集中、外形缺陷、人员易触及的外露运动件、操纵器缺陷、制动器缺陷、控制器缺陷等。其中，稳定性差是指对象抗倾覆、抗位移能力不够，包括重心过高、底座不稳定、支承不正确等；密封不良包括密封件、密封介质、设备辅件、加工精度、装配工艺等缺陷以及磨损、变形、气蚀等造成的密封不良；外形缺陷是指设备、设施表面的尖角利棱和不应有的凹凸部分等；操纵器缺陷是指结构、尺寸、形状、位置、操纵力不合理及操纵器失灵、损坏等。

（2）防护缺陷。包括无防护，防护装置、设施缺陷，防护不当，支撑不当，防护距离不够等。其中，防护装置、设施缺陷是指防护装置、设施本身安全性、可靠性差，包括防护装置、设施、防护用品损坏、失效、失灵等；防护不当是指防护装置、设施和防护用品不符合要求、使用不当；防护距离不够是指设备布置、机械、电气、防火、防爆等安全距离不够和卫生防护距离不够等。

（3）电伤害。包括人员易触及的带电部位裸露、漏电、静电和杂散电流、电火花、电弧、短路等。

（4）噪声。包括机械性噪声、电磁性噪声、流体动力性噪声等。

（5）振动危害。包括机械性振动、电磁性振动、流体动力性振动等。

（6）电离辐射。包括X射线、γ射线、α粒子、β粒子、中子、质子、高能电子束等。

（7）非电离辐射。包括紫外辐射、激光辐射、微波辐射、超高频辐射、高频电磁场、工频电场。

（8）运动物伤害。包括抛射物、飞溅物、坠落物、反弹物、土或岩滑动、料堆（垛）滑动、气流卷动等。

（9）明火。

（10）高温物质。包括高温气体、高温液体、高温固体等。

（11）低温物质。包括低温气体、低温液体、低温固体等。

（12）信号缺陷。包括无信号设施、信号选用不当、信号位置不当、信号不清、信号显示不准等。

（13）标志标识缺陷。包括无标志、标志标识不清晰、标志标识不规范、标志标识选用不当、标志标识位置缺陷等。

（14）有害光照。包括直射光、反射光、眩光、频闪效应等。

（15）信息系统缺失。包括数据传输缺陷、自供电装置电池寿命过短、防爆等级缺陷、等级保护缺陷、通信中断或延迟、数据采集缺陷等。

除以上物理性危险和有害因素外，还包括物理性不良环境因素。根据作业环境条件不同可分为以下几类。

（1）室内作业场所环境不良。包括室内地面滑，室内作业场所狭窄，室内作业场所杂乱，室内地面不平，室内梯架缺陷，地面、墙和天花板上的开口缺陷，房屋基础下沉，室内安全通道缺陷，房屋安全出口缺陷，采光照明不良，作业场所空气不良，室内温度、湿度、气压不适，室内给排水不良，室内涌水等。

（2）室外作业场地环境不良。包括作业场地和交通设施湿滑，作业场地狭窄，作业场地杂乱，作业场地不平，航道狭窄、有暗礁或险滩，脚手架、阶梯和活动梯架缺陷，地面及地面开口缺陷，建（构）筑物和其他结构缺陷，门和周界缺陷、作业场地基础下沉，作业场地安全通道缺陷，作业场地安全出口缺陷，作业场地光照不良，作业场地空气不良，作业场地温度、湿度、气压不适，作业场地涌水等。

（3）地下（含水下）作业环境不良。包括隧道（矿井）顶板或巷帮缺陷、隧道（矿井）作业面缺陷、隧道（矿井）底板缺陷、地下作业面空气不良、地下火、冲击地压、地下水、水下作业供氧不当等。

（4）恶劣气候与环境不良。包括风、极端的温度、雷电、大雾、冰雹、暴雨雪、洪水、浪涌、泥石流、地震、海啸等。

56. 班组成员应该具备哪些基本的安全生产技术知识？

安全生产技术知识包括一般生产技术知识、一般安全生产技术知识和专业安全生产技术知识等。

（1）一般生产技术知识

生产技术知识是人类在征服自然的斗争中积累的知识、技能和经验。安全技术知识是生产技术知识的组成部分，要掌握安全技术知识，首先要掌握一般的生产技术知识。主要包括企业的基本生产概况，生产技术过程、作业方法或工艺流程，与生产技术过程和作业方法相适应的各种机具设备的性能和知识，工人在生产中积累的操作技能和经验，以及产品的构造、性能、质量和规格等。

（2）一般安全生产技术知识

一般安全生产技术知识是企业所有从业人员都必须具备的

基本安全生产技术知识。主要包括企业内的危险设备和区域及其安全防护的基本知识和注意事项、有关电气设备（动力及照明）的基本安全知识、起重机械和厂内运输有关的安全知识、生产中使用的有毒有害原材料或可能散发的有毒有害物质的安全防护基本知识、企业中一般消防制度和规则、劳动防护用品的正确使用以及伤亡事故报告办法等。

（3）专业安全生产技术知识

专业安全生产技术知识是指某些特定作业的从业人员必须具备的专业安全生产技术知识的教育。专业安全生产技术知识教育比较专门和深入，主要包括安全生产技术知识、工业卫生技术知识以及根据这些技术知识和经验制定的各种安全生产操作规程等。涉及锅炉、受压容器、起重机械、电气、焊接、防爆、防尘、防毒、噪声控制等生产领域。

法律提示

《生产经营单位安全培训规定》第十六条规定，班组级岗前安全培训内容应当包括：

（一）岗位安全操作规程；

（二）岗位之间工作衔接配合的安全与职业卫生事项；

（三）有关事故案例；

（四）其他需要培训的内容。

第十七条规定，从业人员在本生产经营单位内调整工作岗位或离岗一年以上重新上岗时，应当重新接受车间（工段、区、队）和班组级的安全培训。

生产经营单位采用新工艺、新技术、新材料或者使用新设备时，应当对有关从业人员重新进行有针对性的安全培训。

57. 发生紧急情况时，哪些安全生产技能可以帮助班组快速响应？

安全生产技能是指人们安全完成作业的技巧和能力，包括作业技能、熟练掌握作业安全装置设施的技能，以及在应急情况下妥善处理的技能。通常，在发生紧急情况时，班组需要快速响应并采取有效的措施来保障安全。班组需制定班组安全生产应急预案，确保发生情况较为紧急且事态相对可控的异常事件时，能够按照其岗位操作规程及有关应急处理预案，快速进行应急处置。

班组成员通过对安全生产技能知识的学习，在发生紧急情况时，能够进行快速、有效、科学、合理的响应。以下是班组成员应掌握的一些安全生产技能，可以帮助班组在紧急情况下进行快速响应。

（1）紧急疏散技能

班组成员需要熟悉紧急疏散程序，包括疏散路线、集合地点、通信方式等，在紧急情况下，班组成员需要迅速撤离危险区域，并按照规定的程序进行疏散。

（2）应急救援技能

班组成员需要掌握基本的应急救援技能，包括心肺复苏、止血包扎、伤员搬运等。在受伤人员需要紧急救治时，应第一时间采取措施，防止人员伤势得不到及时处理。

（3）消防安全技能

班组成员需要了解消防安全知识，包括火灾的预防、灭火器的使用方法、火灾逃生技能等。掌握消防安全技能，能够帮助班组成员迅速判断火灾情况，采取适当的灭火措施，防止事态扩大。

（4）化学品安全技能

化学品的安全使用知识，包括化学品的性质、危害、储存和使用方法等。在紧急情况下，班组成员需要迅速判断化学品泄漏或事故情况，采取适当的防护措施，并通知专业人员进行处置。

（5）机械安全技能

班组成员需要了解机械安全知识，包括机械设备的操作规程、安全防护措施等。当发生人机系统安全生产事故时，要及时关停机械设备，根据应急救援的知识帮助救治伤员，采取适当的保护措施。

（6）自然灾害应对技能

班组成员还需要了解自然灾害的应对知识，包括地震、洪水、台风等灾害的预防和应对措施。发生自然灾害紧急情况时，能够保障自身安全，合理有效地避险。

六、执行班组安全生产标准化

58. 标准化作业的主要内容有哪些？

所谓标准化作业，就是在对作业系统调查分析的基础上，对作业过程中的每一操作程序和作业动作进行分解，以科学技术、规章制度和实践经验为依据，以安全、质量、效益为目标，对作业过程进行改善，从而形成一种安全顺利、准确无误、高效省力的优化作业方法。

标准化作业的范畴广义上是指工作标准化，凡企业内进行的一切活动均需实现标准化；狭义上是指生产工人作业行为的标准化，包括检查维护、作业程序、操作动作、联络信号、安全意识等方面。后者是实现安全作业的基础，但安全作业又受系统生产管理活动的制约，若企业基础管理标准化欠缺，则无法实现岗位工人作业标准化。概括地说，标准化作业的主要内容包括但不限于以下几方面的内容。

（1）作业过程标准化，包括作业程序标准、交接班标准、方法标准、作业手段标准、使用工器具标准等。

（2）人行为的标准化，包括操作动作标准、指挥动作标准、交流手势（即体态语言）标准、语言和口令标准、劳动防护用品穿戴标准、自身穿戴标准等。

（3）作业环境标准化，包括材料堆放标准、工器具放置标准、安全标志布设标准、防护装置布设标准等。

（4）作业设备检修标准化，包括设备运行过程监护标准、设备检查标准、设备维护标准、定期修理标准等。

（5）作业管理标准化，包括管理制度标准、管理活动过程和内容及形式标准、管理信息标准、管理信息传递标准等。

59. 企业安全生产标准化是什么？

根据《企业安全生产标准化基本规范》（GB/T 33000—2016）的定义，企业安全生产标准化是指企业通过落实企业安全生产主体责任，通过全员全过程参与，建立并保持安全生产管理体系，全面管控生产经营活动各环节的安全生产与职业卫生工作，实现安全健康管理系统化、岗位操作行为规范化、设备设施本质安全化、作业环境器具定置化，并持续改进。

企业安全生产标准化的这一定义涵盖了企业安全生产工作的全局，是企业开展安全生产工作的基本要求和衡量尺度，也是企业加强安全生产管理的重要方法和手段。而《中华人民共和国标准化法》中的“标准化”，主要是通过制定、实施国家、行业等标准，来规范各种生产行为，以获得最佳生产秩序和社会效益的过程，二者有所不同。

企业安全生产标准化工作就是在企业生产经营和全部活动中，全面贯彻执行国家、地区、行业颁发的各项规程、规章、标准，按标准组织生产经营活动，按标准从事各项管理工作，按标准进行作业和工作，按标准对企业各个环节进行持续改进和自我完善。同时，要依据这些标准，结合企业实际，建立起科学严格的企业内部技术标准、质量标准、工作标准、管理标准、作业标准及其他各项基础管理制度等，使企业的各项活动、每项工作和作业工序、环节、岗位及每位从业人员的工作都有标准可供遵循，都在标准的指导和约束下进行，从而提高企业的工作质量、产品质量、服务质量，降低成本、提高效率、增加效益，进而增强市场竞争力。

企业安全生产标准化，就是将标准化工作引入和延伸到安全生产工作中来，它是企业全部标准化工作中最重要的组成部分。其内涵是企业在生产经营和全部管理过程中，要自觉贯彻执行国家和地区、部门的安全生产法律、法规、规程、规章和标准，并将这些内容细化，依据这些法律、法规、规程、规章和标准制定本企业安全生产方面的规章、制度、规程、标准和办法，并在企业生产经营管理工作的全过程、全方位、全天候地切实得到贯彻实施，使企业的安全生产工作得到不断加强并持续改进，使企业的本质安全水平不断得到提升，使企业的人、机、环始终处于和谐和保持在最好的安全状态下运行，进而保证和促进企业在安全的前提下健康快速的发展。

相关链接

2013 年 1 月 29 日，原国家安全生产监督管理总局下发《国家安全监管总局等部门关于全面推进全国工贸行业企业安全生产标准化建设的意见》。

2014 年修订的《中华人民共和国安全生产法》进一步提出企业推进安全生产标准化建设的要求。

2017 年 4 月 1 日，原《企业安全生产标准化基本规范》（AQ/T 9006—2010）废止，新版《企业安全生产标准化基本规范》（GB/T 33000—2016）正式实施。新规范突出了企业安全生产管理系统化要求、调整了企业安全生产标准化管理体系的核心要素、提出安全生产与职业健康管理并重的要求。

《企业安全生产标准化基本规范》（GB/T 33000—2016）将原来规范的 13 个一级要素调整为 8 个一级要求，即目标职责、制度化管理、教育培训、现场管理、安全风险管控及隐患排查治理、应急管理、事故管理、持续改进。

60. 安全生产标准化遵循什么原则，具有哪些特点？

企业开展安全生产标准化工作，应遵循“安全第一、预防为主、综合治理”的方针，落实企业主体责任。以安全风险管理、隐患排查治理、职业病危害防治为基础，以安全生产责任制为核心，建立安全生产标准化管理体系，全面提升安全生产管理水平，持续改进安全生产工作，不断提升安全生产绩效，预防和减少事故的发生，保障人身安全健康，保证生产经营活动的有序进行。

安全生产标准化具有以下特点。

（1）先进性

安全生产标准化吸收了管理体系的思想，采用了国际通用的计划、实施、检查，改进动态循环的现代安全生产管理模式，以实现自我检查、自我纠正和自我完善，达到持续改进的目的，具有管理方法上的先进性。

（2）系统全面性

安全生产标准化的内容涉及安全生产的各个方面，从安全目标，组织机构和职责，安全生产投入，法律法规与安全生产管理制度，教育培训，生产设备、设施，作业安全，隐患排查和治理，重大危险源监控，职业健康，应急救援，事故报告、调查和处理，绩效评定和持续改进十三个方面提出了比较全面的要求，具有系统性和全面性。

（3）可操作性

企业在贯彻安全生产标准化中，根据体系中十三个要素具体、细化的内容要求，全国参与规章制度、操作规程的制定，并进行定期评估检查，这样使得规章制度、操作规程与企业的实际情况紧密结合，避免“两张皮”情况的发生，有较强的可操作性，便于企业实施。

（4）管理量化性

安全生产标准化吸收了传统标准化分级管理的思想，有配套的评分细则，在企业自主建立和外部评审定级中，根据对比衡量，得到量化的评价结果，能够较真实地反映自身的安全生产管理水平和改进方向，便于企业进行有针对性地改进、完善。量化的评价结果也是监管部门分类监管的依据。

（5）强调预测预警

安全生产标准化要求企业应根据生产经营状况及隐患排查治理情况，运用定量的安全生产预测预警技术，建立体现企业安全生产状况及发展趋势的预警指数系统。

61. 生产作业“三违”是什么？

生产作业中的“三违”是指违章指挥、违章作业和违反劳动纪律。

（1）违章指挥

违章指挥主要是指生产经营单位的生产经营管理人员违反安全生产方针、政策、法律、条例、规程、制度和有关规定指挥生产的行为。违章指挥具体包括生产经营管理人员不遵守安全生产规程、制度和安全技术措施或擅自变更安全工艺和操作程序，指挥者使用未经安全培训的劳动者或无专门资质认证的人员；生产经营管理人员指挥从业人员在安全防护设施或设备有缺陷、隐患未解决的条件下冒险作业；生产经营管理人员发现违章不制止等。

（2）违章作业

违章作业主要是指从业人员违反劳动生产岗位的安全规章和制度（如安全生产责任制、安全操作规程、工作交接制度等）的作业行为。违章作业具体包括不正确使用个人劳动防护用品、不遵守工作场所的安全操作规程和不执行安全生产指令。

（3）违反劳动纪律

违反劳动纪律主要是指从业人员违反生产经营单位的劳动纪律的行为。违反劳动纪律具体包括不履行劳动合同及违约承担的责任，不遵守考勤与休假纪律、生产与工作纪律、奖惩制度及其他纪律等。

相关链接

20世纪80年代初，我国安全生产事故频发，造成严重的人员伤亡和财产损失。在同一时期，原国家劳动总局在召开的一系列劳动保护会议上，听取了其他省市劳动厅（局）劳动保护部门的分析与建议，开展了反对违章指挥、违章操作、违反劳动纪律（简称为“三违”）的安全教育活动。此后，反“三违”的提法逐渐出现在各级领导干部的讲话和有关文件中。

62. 班组生产中，从业人员发生“三违”的常见原因有哪些？

在班组生产中，“三违”现象并非凭空发生，与从业人员无视安全操作规范、违反安全纪律与其在安全意识、安全知识淡薄等密切相关。可以将从业人员发生“三违”的常见原因总结为心理因素、知识因素、管理因素。

（1）心理因素

1）侥幸心理。这是许多违章人员在行动前的一种重要心态。把出事的偶然性绝对化，在现实工作中，产生侥幸心理的人时有所见。表现心理活动为不是不懂安全操作规程，缺乏安全知识，技术水平不低，而是明知故犯；违章不一定出事，出事不一定伤人，伤人不一定伤己。

2）惰性心理。惰性心理也称为“节能心理”，是指在作业中尽量减少能量支出，能省力便省力，能将就凑合就将就凑合的一种心理状态，也是懒惰行为的心理依据。人们怕麻烦，图省事，降成本，总想以最小的代价取得最好的效果，甚至压缩到极限，降低了系统的可靠性。尤其是在生产任务紧迫和眼前既得利益的诱因下，极易产生。表现心理活动为干活图省事，怕麻烦；节省时间，得过且过。

3）逆反心理。逆反心理是一种无视社会规范或管理制度的对抗性心理状态，一般在行为上表现为“你让我这样，我偏要那样；越不许干，我越要干”等特征。表现心理活动为显现对抗：当面顶撞，不但不改正，反而发脾气，或骂骂咧咧，继续违章；隐性对抗：表面接受，心理反抗，阳奉阴违，口是心非。

4）逞能心理。有的人自以为技术好，有经验，常满不在乎，虽说能预见到有危险，但是轻信能避免，用冒险蛮干当作表现自己的技能的方式。有的新人技术差，经验少，却急于表现自己，可谓初生牛犊不怕虎，以自己或他人的痛苦验证安全制度的重要作用，用鲜血和生命证实安全规程的科学性。表现心理活动为争强好胜，逞能极力表现自己，能力不强但自信心过强，不思后果、蛮干冒险作业；长时间做相同冒险的事，无任何防护，终有一失。

5）从众心理。从众心理是指个人在群体中由于实际存在的或头脑中想象到的社会压力与群体压力，而在知觉、判断、信念及行为上表现出与群体中大多数人一致的现象。表现心理活动为自觉从众，心悦诚服、甘心情愿与大家一致违章；被迫从众，表面上跟着走，心理反感。

（2）知识因素

班组基层从业人员缺乏基础安全生产常识也是导致班组“三违”现象发生的重要因素。实际中，班组人员对于生产作业操作的了解程度往往高于操作过程中对安全注意事项的关注程度，这正是缺乏安全生产知识的表现。如从业人员不佩戴或错误使用劳动防护用品；从业人员不了解生产设备运行安全防护的原理机制；从业人员缺乏安全操作知识，在错误的时间地点进行生产作业等。

（3）管理因素

班组安全生产管理的缺陷也会造成“三违”现象频发，表现为班组安全教育培训的欠缺导致从业人员安全意识和安全知识的不足；安全规章制度的制定不合理不科学导致生产作业中操作与正确标准规范相冲突；安全检查落实不到位，导致各类规章制度和劳动纪律化为“空中楼阁”。良好的安全生产管理是班组安全建设的基础，也是班组安全生产活动的保障，既决定了“反三违”活动能否具备坚实的开端，也与“反三违”活动的开展运行紧密相关。

七、提高班组长安全生产素质

63. 班组长在企业安全生产管理中处于什么样的地位？

班组是最基层的生产组织，是实现安全生产的基础，因为班组是一个企业的细胞，是生产经营的最小单位，是生产经营任务的直接完成者。因此，能否将安全生产管理的有效性深入到班组的安全生产建设中，是大幅度降低伤亡事故，实现安全生产的关键。

班组安全生产工作的好坏，直接影响着企业的安全生产和经济效益，而班组安全生产建设的成效，取决于班组长对安全生产的认识程度及所具备的安全生产技术知识水平和实际的组织协调能力。

作为生产一线的核心人员，班组长在生产管理中具有较高的地位。他们是领导与班组成员之间的纽带，也是上下沟通的桥梁。首先，班组长负责监督班组成员的工作，并协调现场的安排与组织。他们会对生产过程进行监控，确保生产线的正常运行并按时完成生产任务。其次，班组长会对班组成员的工作进行评估和考核，确保工作质量和效率，为公司创造更大的价值。

相关链接

一个企业要发展，就需要安全；企业要安全，就离不开车间班组，离不开班组长的安全生产管理。在企业安全生产管理中，班组长起到了管理层与最基层班组成员之间重要的桥梁纽带作用。

64. 班组长在安全生产工作中的重要作用是什么？

班组长作为班组的核心人物，既是班组生产活动的组织者，又是具体行动的参与者；既是指挥员又是战斗员，即所谓的兵头将尾。其不可替代的特殊身份决定了班组长的特殊地位和作用。作为企业生产的基本单位，班组长是班组安全、生产、质量、效益的“第一责任人”，对班组各项管理工作负有不可推卸的责任，又是企业各项管理制度的执行者和监督者。国家的安全生产方针政策、法规标准和企业的安全生产管理规定，最终都要由班组长来布置、落实。

班组长在上级的领导下，具体承担并组织、管理班组成员共同完成安全生产任务。班组长与班组成员既是危险、危害因素的承受者，又是危险、危害因素的直接控制者。所以，班组长在企业安全生产中具有十分重要的作用。只有充分发挥班组长在安全生产中的作用，将各项安全生产任务落实在班组中，形成强有力的群防群治安全网络，才能真正实现安全生产。

相关链接

班组安全生产管理既是一项系统工程，也是一项复杂的管理艺术，要求班组长要有一定的管理能力。要做到对班组安全生产全员、全过程、全方位的安全生产管理，就要求班组长不仅要有较高的安全责任意识，还要有较全面的安全生产知识和技能，同时还要有一定的安全生产管理能力。班组长作为生产活动的直接组织者和参与者，不仅要懂生产、懂技术，更要有高度的事业心和安全责任感。

班组长的行为对班组成员起到示范、表率作用。班组长时时、事事、处处为班组成员做出表率，对班组形成遵章守纪的良好的安全生产习惯和氛围，有重要作用。班组长如果只说不做，说话便没有号召力，班组成员便会出现工作马虎、应付的现象。

65. 班组长应该具备哪些个人素质?

班组长不仅要具备一定的管理素质，还应该提高自身德、智、体、能、绩等方面的素质。作为一级管理者，班组长主要应具备以下几种个人素质。

（1）工作态度要端正

首先，班组长的工作态度要积极，对企业安排、布置的各项工作，要做到不等不靠，主动想办法解决问题、完成任务；其次，做任何工作都要有信心和激情，只有这样，才能带动整个班组以更好的状态投入工作；最后，在工作中遇到困难、挫折时，要不气馁、不退缩，乐观面对一切挑战。

（2）高度的责任心

责任心是班组长的基本素质。在工作中，班组长不仅要对上级负责、对工作负责、对班组成员负责，还要将责任落实到行动上。

（3）处理事情要公平、公正

每位班组成员在技术水平、工作能力和性格等方面都有很大差异。班组长在处理奖金分配、工作安排和岗位提升等工作时，要坚持原则、秉公办事，以制度为准绳，以规章为依据，不以个人的好恶和感情用事，公正、公平、合法、合理地解决问题。

（4）要不断提高自身技术素质

身处技术密集型企业的班组长，不仅要承担班组的管理任务，还要参与企业具体的生产任务，这就要求班组长自觉追求进步、不断提高技术素质，具备过硬的专业技术水平和业务能力，做到关键时刻拿得下、困难时刻挑得起、紧急时刻站出来，否则将很难在班组里树立威信。

（5）注重培养班组成员

班组长除了要做好正常的安全生产和部门管理工作，还担负着培养班组成员的重任。班组长要主动向班组成员传授知识和技能，关心每一位成员的成长与进步；要通过各种形式的培训，提高班组成员的技术能力，最终达到班组技术素质的整体提升。同时班组长应擅长人情处理，具备人际协调和人际沟通的能力。

（6）要以问题为核心

班组长要有敏锐的观察力，不管是现场的设备状况还是班组成员的精神状况，都要善于发现问题、分析问题和解决问题。

（7）要有高度的敬业精神

在提升个人业务技能素质、抓好日常工作、做好班组管理和培养班组成员等工作中，班组长都应具备高度的敬业精神，要不计较个人得失，舍得付出，刻苦钻研，努力提高各方面素质。

相关链接

班组长要提高自己的管理权威。对于班组成员做到办事公道、关心部下、及时指导；对于管理应做到目标明确、奖罚分明。除此之外还应提高自己在班组中的影响力，做到以德服众。

66. 班组长为什么要具备安全生产素质?

班组长在安全生产中发挥作用的大小，取决于自身的安全生产素质。班组长安全生产素质的高低直接决定着班组其他成员的安全生产素质，也决定着班组集体的安全氛围。如果班组长安全生产素质低下，安全意识不高，那么他在具体组织生产活动或参与活动的过程中，就不能对活动方案、生产作业环境和作业者行为的安全性做出正确的判断，也不可能采取正确的安全防范措施，甚至自己带头违章指挥、违章作业，其后果不堪设想。

在实际工作中，经营层的决策做得再好，如果没有班组长的有力支持和密切配合，没有一批领导得力的班组长来组织开展工作，那么经营层的政策就很难落实。班组长既是产品生产的组织领导者，也是直接的生产者。

班组长作为团队的领导者，他们的态度和行为会对团队产生重要的影响。若班组长能够展现出积极的安全意识和行为，班组成员更有可能模仿并遵循这种态度，从而营造安全的工作氛围。安全生产素质差的班组长不可能严格要求班组成员。班组集体的安全氛围不好，造成人员伤亡的概率就大，有的甚至直接对班组长造成伤害。

相关链接

班组长的特殊地位决定了他要对三个层次的人员采取不同的立场：面对部下应站在代表经营者的立场上，用领导者的声音说话；面对经营者他又应站在反映部下呼声的立场上，用部下的声音说话；面对他的直接上司又应站在部下和上级辅助人员的立场上讲话。

67. 班组长应该如何提高班组的安全生产素质?

要做到对班组安全生产全员、全过程、全方位的管理，就要求班组长不仅要有较高的安全生产责任意识，还要有较全面的安全生产知识和技能，同时还要有一定的安全生产管理能力。班组长作为生产活动的直接组织者和参与者，不仅要懂生产、懂技术，更要有高度的事业心和安全生产责任感。班组长应着重从班组生产的特点考虑，从以下几方面着手提高安全生产素质。

（1）班组管理最突出的特点就是直接针对一线生产工人强调现场管理。

（2）班组作为一个整体，每位班组成员的安全行为都直接影响着班组的群体安全行为。

（3）要控制和减少安全生产事故，就必须将安全生产管理延伸到每位班组成员，要建立健全班组安全生产管理制度，强化现场安全生产管理，建立自保互保体系，控制、减少违章。

（4）班组作为一个集体，存在着领导与被领导、同事之间的分工与合作等关系。如果在思想和生活上能够互相关心和帮助，团结互助，齐心协力，则会大大增强班组的凝聚力和向心力。

所以，班组安全生产管理既是一项系统工程，也是一项复杂的管理艺术，这就要求班组长要不断提高班组的安全生产素质。

68. 班组长应该掌握哪些重要的安全生产工作方法？

班组长在安全生产工作中起着至关重要的作用，他们负责监督和管理班组成员的安全行为，确保工作场所的安全和健康。

（1）从思想到行动，要坚持“管生产必须管安全”的原则。

（2）与班组安全员齐心协力组建“安全网”。

（3）要关心每位班组成员。

（4）发挥每位班组成员的特长。

（5）发扬民主，尊重班组成员，增加工作透明度。

（6）既要敢于坚持原则，不徇私情，又要有一定的灵活性。

相关链接

安全生产工作光靠班组长与班组安全员是根本无法完成的。有人曾把班组比喻为一张网，每位班组成员都是这张网上的一个节点。对安全生产工作来说，要是网上的每一个节点都结实可靠，那这张网就可称为“安全网”。

69. 班组长如何做好班组成员的思想工作?

班组长在做班组成员的思想工作时，需要展现领导力和沟通技巧，以促进团队的凝聚力和高效工作。

（1）运用激励方式挖掘班组成员潜能

要想让班组成员充分地发挥才干去努力工作，就要努力把班组成员“要我去做才去做”的思想变成“我要去做”。实现这种转变的最佳方法就是不断激励班组成员。

（2）认真倾听

经常会有班组成员认为自己遭受不公正待遇等问题去找班组长评理。这时，班组长要学会认真地倾听班组成员的倾诉。

（3）适当的幽默以提高管理效率

轻松、愉快的工作氛围更有助于工作的高效完成，幽默能够使工作的气氛变得轻松，使人感到亲切。

（4）积极对班组成员进行指导

为了顺利地开展日常生产工作，班组长还要能够向班组成员传授必要的专业知识和技能，指出班组成员在生产过程中的不足之处，并且给他们提出改进的措施和建议。

（5）控制情绪

从某种意义上来讲，班组长的情绪已经不再是自己的私事了，它会直接影响到下属及其他的班组成员。

知识学习

谈心活动也叫作“心灵接触”活动，是班组长经常采用的工作形式。要使其产生预期的效果，谈话者首先要以诚相待，并应对谈话对象的性格特征、家庭状况、文化程度、爱好等有一个比较全面的了解。这种谈话如能抓住症结，晓之以理、动之以情、循循善诱，往往能起到良好的效果。

70. 新任班组长如何打开安全生产工作局面?

新任班组长在打开安全生产工作局面时，可以采取一系列措施来确保团队的安全、稳定和高效运作。

（1）要与班组成员融为一体

虽然大多数班组长出自基层，但对于本班的安全生产状况仍有进一步了解的空间，要想打开班组安全生产工作局面，必须取得全体班组成员的信任。

（2）勇挑重担独当一面

融为一体是一种手段，而独当一面才能充分展示才能。独当一面，有工作时主动上前，充分发挥自己才能的一面，但也要有担当风险、承担责任的一面。直面困难时敢碰硬，能成功地解决安全生产难题，是班组长应有的基本素质，对新任班组长来说尤为重要。

（3）投入精力，全力以赴

所谓全力以赴，就是要求新任班组长工作在班组，工作在岗位，不摆花架子，不做表面文章，要把自己当作班组普通一员，踏踏实实地工作，把繁荣企业经济、确保企业安全生产作为自己最大的追求。

相关链接

新任班组长有以下“三忌”。

一忌急于求成。任何事情都有个过程，安全生产工作也是如此，要遵循安全生产规律，去打开安全生产工作局面。

二忌脱离班组成员。依靠班组成员是搞好班组安全生产工作的法宝，群策群力是班组安全生产的依靠。

三忌不推不动。有些新任班组长小心谨慎，怕这怕那，对待安全生产工作主动性不强，被动应付，不推不动，这种现象必须克服。

八、组织班组安全生产教育

71. 班组安全生产教育有哪些方法?

班组安全生产教育方法与一般教学方法一样，多种多样，各有特点。在实际应用中，要根据培训内容和培训对象灵活选择。班组安全生产教育可采用讲授法、实际操作演练法、案例研讨法、读书指导法、宣传娱乐法等。

（1）讲授法

讲授法是一种常见的教学方法，通过专业人士或教师向从业人员传递知识和信息。通过讲座、培训等形式，在专业人士的讲解下，向从业人员传递相关的安全知识和管理经验。此外，还可以通过研讨会的形式，促使从业人员与讲师互动，共同探讨和解决实际问题。

（2）实际操作演练法

实际操作演练法着重于让学生通过实际动手操作来学习和掌握特定的技能、知识或概念。这种教育方法强调学生参与实际的活动积累实践经验，以增强他们的学习效果。在班组安全生产教育过程中，首先可以使用模拟演练，通过模拟真实场景，让从业人员在虚拟的环境中最大限度模拟真实情况的发生、发展过程，提高其在实际情况下的应对能力。其次是在紧急疏散演练中也会用到此法，针对火灾、地震等紧急情况进行现场演练，让从业人员掌握疏散程序和自救技能。

（3）案例研讨法

通过详细分析和讨论真实或虚构的案例，促使学生运用理论知识解决实际问题。这种教学方法强调学生的参与和合作，培养他们的批判性思维和问题解决能力。在班组安全生产教育中，班组对安全事故案例进行分析，通过分析真实的安全事故案例，引导从业人员深入思考事故原因、应对方法，以及如何预防类似事故的发生。此外，还可通过组织小组研讨，让从业人员共同分享经验、意见和解决方案。

（4）读书指导法

通过指导从业人员独立阅读相关文献和书籍，培养其自主学习和深入思考的能力。这种方法强调从业人员主动参与学习过程，通过阅读来获取知识、理解概念，并将所学应用到实际情境中。一是班组提供相关文献和资料，让从业人员通过阅读相关书籍、手册、标准等资料，系统学习安全知识。二是制订个人学习计划，鼓励个体自主学习，不断提升自己的安全素养。

（5）宣传娱乐法

该方法以宣传和娱乐的方式来传递知识和信息，吸引从业人员的注意力并增进他们的学习兴趣。这种方法将教学内容以寓教于乐的形式呈现以提高从业人员的学习效果。具体可通过宣传册、海报、视频等形式，生动形象地宣传安全知识，提高从业人员对安全生产的重视程度。

72. 班组安全生产教育包括哪些内容?

安全生产教育的内容主要包括思想教育、法治教育、知识教育和技能训练。

（1）思想教育主要包括安全生产方针政策教育、形势任务教育和重要意义教育等。形式多样、丰富多彩的安全生产教育可使各级领导牢固地树立起“安全第一”的思想，正确处理各自业务范围内安全与生产、安全与效益的关系，主动采取事故预防措施，同时提高全体从业人员的安全意识，激励其安全动机，自觉采取安全措施。

（2）法治教育主要包括法律法规教育、执法守法教育、权利义务教育等。法治教育可使企业的各级领导和全体从业人员知法、懂法、守法，以法规为准绳约束自己，履行自己应当承担的义务；以法规为武器维护自己的权利。

（3）知识教育主要包括安全生产管理、安全技术和劳动卫生知识教育。知识教育可使企业的经营管理者和各级领导了解和掌握安全生产规律，熟悉自己业务范围内必需的安全生产管理理论、方法及相关的安全技术和劳动卫生知识，提高安全生产管理水平，使全体从业人员掌握各自必要的安全技术，提高企业的整体安全生产素质。

（4）技能训练主要包括针对各个不同岗位或工种的从业人员所必需的安全生产方法和手段的训练，如安全操作技能训练、危险预知训练、紧急状态事故处理训练、自救互救训练、消防演练、逃生救生训练等。技能训练可使从业人员掌握必备的安全生产技能与技巧。

73. 常用的班组安全生产教育形式有哪些？

班组安全生产教育应利用各种教育形式和教育手段，以生动活泼的方式，来实现安全生产目标。班组安全生产教育形式大致可分为以下几种。

（1）广告式

广告式包括安全广告、标语、宣传画、标志、展览、黑板报等形式。它以精练的语言在醒目的地方展示，提醒人们注意安全。

（2）演讲式

演讲式包括教学、讲座、讲演、经验介绍、现身说法、演讲比赛等形式。它可以是系统教学，也可以是专题讨论，用以丰富人们的安全知识，提高对安全生产的重视程度。

（3）会议讨论式

会议讨论式包括事故现场分析会、班前班后会、专题座谈会等以集体讨论的形式，使与会者在参与过程中进行自我教育。

（4）竞赛式

竞赛式包括口头、书面知识竞赛，安全、消防技能竞赛，其他各种安全教育培训活动评比等。竞赛式可激发从业人员学安全、懂安全、会安全的积极性，促使从业人员在竞赛活动中树立"安全第一"的思想，丰富安全知识，掌握安全技能。

（5）声像式

声像式是用电影、录像等现代手段，使安全生产教育寓教于乐。声像式主要有安全方面的广播、电影、电视、录像等。

（6）文艺演出式

文艺演出式是以安全为题材编写和演出的相声、小品、话剧等，进行文艺演出的教育形式。

（7）学历教育

利用国家或企业办的大学、中专、技校等，开办安全工程专业或将安全课程渗透于其他专业学科。

74. 什么是“新工人三级安全教育”？

新工人三级安全教育是指对新入厂职员和工人进行的厂级安全生产教育（公司级）、车间级安全教育（部门级）和岗位（班组级）安全教育，是厂矿企业安全生产教育制度的基本形式。新工人三级安全教育是企业安全教育的基本教育制度。新工人三级安全教育包括入厂教育、车间教育和班组教育。企业必须对新工人进行安全生产的入厂教育、车间教育、班组教育；对调换新工种、复工，采取新技术、新工艺、新设备、新材料的工人，必须进行新岗位、新操作方法的安全生产教育，受教育者，经考试合格后，方可上岗操作。

相关链接

新工人三级安全教育在实施过程中应该避免一些误区：教育程序不明、教育级别不全、教育时间不够、教育内容陈旧、教育形式单调、教育走过场。

75. 厂级安全生产教育有哪些内容？

厂级安全生产教育是确保工厂安全、高效运行的重要环节。通过这一教育，旨在提高从业人员的安全意识，掌握必要的安全知识和技能，从而减少事故发生的可能性。

（1）讲解劳动防护的意义、任务、内容和其重要性，使新入厂的工人树立起“安全第一”和“安全生产人人有责”的思想。

（2）介绍本企业的安全生产情况，包括企业发展史（含企业安全生产发展史）、企业生产特点、企业设备情况（着重介绍特种设备的性能、作用、分布和注意事项）、主要危险及要害部位。介绍一般安全生产知识和电气安全知识、起重及机械方面安全知识。介绍企业的安全生产组织机构及企业的主要安全生产规章制度等。

（3）提出希望和要求。如要求从业人员要按职工守则和企业职工奖惩条例积极工作；要树立“安全第一，预防为主”的思想，在生产劳动过程中努力学习安全技术、操作规程。经常参加安全生产经验交流和事故分析活动及安全生产检查活动，要遵守操作规程，不擅自离开工作岗位，不违章作业，不随便出入危险区域及要害部位。

（4）介绍企业典型事故案例和教训，抢险、救灾、救人常识及工伤事故报告程序等。对企业和同行业常见事故案例进行剖析讲解，阐明伤亡事故的原因及事故处理程序等。厂级安全生产教育一般由企业安全技术部门负责进行，时间为 4 ~ 16 小时。

76. 车间级安全生产教育有哪些内容？

车间级安全生产教育内容是每个车间从业人员必须掌握的基本知识，以确保生产过程中的安全和健康。

（1）介绍车间的概况。如介绍车间生产的产品、工艺流程及其特点，车间人员结构、安全生产组织状况及活动情况，车间危险区域、有毒有害工种情况，车间劳动防护方面的规章制度和对劳动防护用品的穿戴要求和注意事项等内容。使得相关从业人员了解车间事故多发部位、原因、有什么特殊规定和安全要求。

（2）根据车间的特点介绍安全技术基础知识。如冷加工车间的特点是金属切削机床多、电气设备多、起重设备多、运输车辆多、各种油类多、生产人员多和生产场地比较拥挤等。机床旋转速度快、扭矩大，要教育从业人员遵守劳动纪律，穿戴好劳动防护用品，小心衣服、发辫被卷进机器，手被旋转的刀具擦伤。

（3）介绍车间防火知识，包括防火的方针，车间易燃易爆品的情况，防火的要害部位及防火的特殊需要，消防用品放置地点，灭火器的性能、使用方法，车间消防组织情况，遇到火险如何处理等。

（4）组织新工人学习安全生产文件和安全操作规程，并应教育新工人尊敬师傅，听从指挥，安全生产。车间安全教育由车间主任或安技人员负责，授课时间一般需要 6～8 小时。

77. 班组级安全生产教育有哪些内容?

班组级安全生产教育内容是针对企业中最小组织单位的安

全生产管理活动，其目的是提高班组成员的安全意识和安全操作技能，确保生产过程中的安全。

（1）本班组的生产特点、作业环境、危险区域、设备状况、消防设施等。重点介绍高温高压、易燃易爆、有毒有害、腐蚀、高处作业等方面可能导致发生事故的危险因素，交代本班组容易出事故的部位，剖析典型事故案例。

（2）讲解本工种的安全操作规程和岗位责任，重点讲思想上应时刻重视安全生产，自觉遵守安全操作规程，不违章作业；爱护和正确使用机器设备和工器具；介绍各种安全活动以及作业环境的安全检查和交接班制度。告诉新工人出了事故或发现了事故隐患，应及时报告领导，采取措施。

（3）讲解如何正确使用劳动防护用品和文明生产的要求。强调机床转动时不准戴手套操作，高速切削要戴防护眼镜，进入施工现场和登高作业，必须戴好安全帽、系好安全带，工作场地要整洁，道路要畅通，物件堆放要整齐等。

（4）实行安全操作示范。组织重视安全、技术熟练、富有经验的老工人进行安全操作示范，边示范、边讲解，重点讲安全操作要领，说明怎样操作是危险的，怎样操作是安全的，不遵守操作规程将会造成的严重后果。

78. 班组日常安全生产教育有哪些内容?

班组日常安全生产教育是保障企业安全生产的重要一环。通过日常的安全生产教育，班组成员可以增强安全意识，了解和掌握安全操作规程，提高自我保护能力，有效预防和减少事故的发生。

（1）班组日常安全生产教育主要内容包括：

1）对新工人进行班组级安全教育；针对班组成员的思想动态，结合典型事例、工伤案例岗位安全操作规程开展经常性安全教育。

2）针对班组采用新工艺、新技术、新材料、新设备的情况，开展新操作方法的安全教育。

3）针对岗位的工艺要求，进行各种岗位安全操作技能培训。

（2）班组安全生产教育要力求生动活泼，多种多样，贴近实际，这样才能收到良好的教育效果。班组日常安全生产教育的形式主要包括组织学习安全技术操作规程；结合安全生产检查进行安全技术教育；结合技术练兵，组织岗位安全操作的技能训练；结合班组成员思想动态进行安全教育等内容。

1）组织学习安全技术操作规程。结合事故案例，讲解违反安全操作规程会造成什么样的危害，启发大家讨论采取什么措施才能做到安全生产。要防止说教式的照本宣科、枯燥无味的就事论事，使学习流于形式。这种学习可由班组长、班组安全员、工会小组劳动防护检查员主持，也可由班组成员轮流主持。

2）结合安全生产检查进行安全技术教育。根据日常安全检查中发现的问题，针对班组成员的生产岗位，讲解不安全因素产生的原因，怎样做才能避免事故的发生和伤害。

3）结合技术练兵，组织岗位安全操作的技能训练。安全生产教育一定要坚持教育与操作实践相结合。如岗位练兵、消防演习等。这样用理论指导实践，实践反过来又推动理论的提高。

4）结合班组成员思想动态进行安全教育。班组成员思想教育方法要讲究科学性。要抓住班组成员思想容易波动、情绪不稳定的时机，对症下药，深入细致地做好思想教育工作。

5）订立师徒合同，包教包学。让有经验的老工人带徒弟，言传身教，这是传授安全技术的有效方法。关键是要选择政治思想好、业务技术精、安全生产素质高、责任心强、作风正派、经验丰富的老工人担任。

6）开展安全竞赛和安全奖励。在班组中开展安全竞赛、创无事故记录活动等，并给予适当奖励，是促使班组成员实现安全生产的一种有效手段，也是安全生产教育的一种基本方法。

7）采取多样化的教育。正确的认识往往需要多次反复，不可能一次完成。树立“安全第一”的思想，绝不是一日之功，需要进行长期的、重复的教育才能见成效。但在重复教育中，要力求形式新颖，晓之以理，动之以情，寓教于乐。经常采取一种形式的教育，从心理上就易产生反感和“抵制性”，没有“激励性”。为了使教育达到良好的效果，必须多样化。一般可采取学习班讲课、安全演讲会、研讨会、安全技术讲座、安全知识竞赛、班前班后会、事故分析会、安全日活动及安全展览、黑板报、广播、电视、电影、文艺演出等形式进行宣传教育。

79. 法律、法规对特殊工种作业人员的教育培训有什么具体要求?

特种作业是指容易发生事故，对操作者本人、他人的安全健康及设备、设施的安全可能造成重大危害的作业。特种作业的范围由特种作业目录规定。特种作业人员是指直接从事特种作业的从业人员。因为特殊工种作业与企业的安全生产密切相关，所以企业必须从法律的角度严格执行国家有关特种作业人员的培训、考核、复审的规定。《特种作业人员安全技术培训考核管理规定》明确了特种作业人员应具备相关的条件，同时也对教育培训做了明确的规定。在培训时，可由企业自行培训，或由企业主管部门组织培训，也可由考核、发证部门或指定的单位培训。根据现行的特种作业安全技术考核办法和有关规定，一般由发证部门制定考核内容，考核分为安全技术理论和实际操作两部分。

考核不合格者，可进行补考；补考仍不合格者，须重新培训。取得操作证的特种作业人员，必须定期进行复审；复审期限，除机动车辆驾驶按国家有关规定执行外，其他特种作业人员两年进行一次。企业安全生产管理部门应建立特种作业人员档案，组织好复审期满的人员到指定地点复训审证，复审由考核发证部门或其指定的单位进行。

九、开展安全生产活动

80. 安全操作确认制的作用是什么?

作业人员安全操作确认制是企业以及班组安全生产管理的一项重要内容，其概念是在班组作业前或者从业人员操作前，对设备、设施及现场环境的安全可靠程度进行确认的制度。安全操作确认制是指贯穿从业人员整个工作程序的自我安全评价，是为了最大限度保障从业人员人身安全健康，实现安全生产“关口前移、重心下移”的动态管理和“以人为本”的理念及更加完善的系统工程。安全生产确认制的实施，能够使从业人员在熟知本岗位安全操作规程的基础上，进一步掌握本岗位的危险因素及预防措施。通过安全操作确认制的实施，能够有效地规范从业人员的作业行为，杜绝违章。安全操作确认制的作用具体如下。

（1）先“确”后“做”

先“确”后“做”，即从业人员在作业前要对自己操作的设备、周围环境等进行确认，经过确认符合安全生产条件方可作业。先“确”后“做”可防止因疏忽、麻痹大意等造成的事故。

（2）安全操作确认制使规程具体化，但又不代替规程

安全操作规程因工种、工艺不同而异，有简有繁，而安全操作确认制不论工艺的复杂程度均以简单的文字将安全操作规程具体化，便于从业人员作业，是落实安全操作规程的有力手段。

（3）安全操作确认制培养良好的作业习惯

安全操作确认制的贯彻促使从业人员按程序遵章作业，为推行标准化打下良好的基础，培养了从业人员自觉遵守作业要求的良好习惯。

81. 安全操作确认制有哪些主要内容？

在生产实践中，大量的事实足以证明，安全操作确认制确实能够避免许多事故的发生。安全操作确认制可以细分为九个方面，即岗位确认制、工作指令确认制、操作确认制、联保互保确认制、非正常情况下开机安全确认制、隐患确认制、“三违”确认制、工作完毕安全状态确认制、其他工作时间的安全状态确认制。

（1）岗位确认制

从业人员进入工作岗位或进行特种作业前（如电气焊、起重），必须由指令其作业的人员确认其有无操作资格，是否具备在本岗位操作所需的安全技能。避免无证上岗、冒险蛮干等违章行为。

（2）工作指令确认制

工作中，下级必须确认来自上级的工作指令；被指挥者确认指挥者的指令；施工检修时，具体操作人员确认指挥协调人员的口令和信号指挥。只有经过指令确认并重复无误后方可开始工作，旨在杜绝误开机、信号不明、协调不力等情况。

（3）操作确认制

岗位操作人员在作业前，要严格按照“一想、二看、三反馈”的顺序进行操作前的检查。具体包括首先预想本岗位的安全操作规程和安全注意事项，在相同岗位或相近岗位发生过何种事故，怎样预防才能确保安全；然后细致查看操作设备和作业环境是否正常，设备状态是否适合作业；最后才能按照操作规程的要求进行作业，并在每一项操作后对自己的操作方式、程序进行自我反馈，对照操作规程查看是否存在差错。

（4）联保互保确认制

在生产和检修工作前，确认自己、本岗位其他操作者和相邻岗位操作者是否均处于安全状态，本人操作是否会对他人造成伤害（如开行车前要查看行车梁上是否有人在检修），自己是否会被他人的误操作所伤害。工作中除及时纠正自己操作上的缺点和错误外，还要注意确认联保互保人员的精神状态和操作情况，如发现有问题，及时给予指正。

（5）非正常情况下开机安全确认制

停机检修、刷车后进行开机确认，具体负责开机人员必须是车间生产班长或指定的操作工。启动前必须指令专人对所要启动设备进行全面检查，确认人员全部撤离、防护装置全部恢复安全状态后，由检查人员向开机人员发出“可以启动”的安全指令后，由开机人员确认指令并按照“开—停—开”的程序启动设备。

（6）隐患确认制

有的设备保全员在工作完毕后防护罩不上、防护栏不安；有的临时接线，明明是当班使用，却一连几天都不撤线；还有的防护栏杆已严重腐蚀了，操作时存在很大隐患，而本工段操作工明知道存在隐患却未能及时反映或根本不反映，以至于隐患长期存在或循环存在。为了杜绝以上几种现象，查清原因，分清责任，凡查到的安全隐患，由部门负责人签字确认，对遗留隐患的责任人进行违章处罚，同时对未能及时反映情况的岗位操作人员和设备承包人连带处罚。通过这种方式，能够进一步增强全员安全意识，激发自主查消隐患的热情，有利于消除安全隐患。

（7）“三违”确认制

从业人员出现“三违”，必须由其家属签字确认，并且主动和“三违”人员的家属进行沟通，了解违章者的思想动态，确认该从业人员已经深刻认识到自身的错误，经过教育安全意识得到了提高，能够主动遵章守纪。由违章者的原联保互保人员签字确认，表示可以继续与该违章者实行“联保”，并重新签订联保责任书。

（8）工作完毕安全状态确认制

工作完毕后，要立即对本岗位进行安全检查，确认被破坏的安全防护装置是否恢复原状（如保全工检修设备后要恢复防护罩），电器设备是否送电，本人和其他人员是否已处于安全环境等。

（9）其他工作时间的安全状态确认制

该确认制是指从业人员在厂区内行走、打扫卫生，电仪保全员巡检及其他情况对周围环境安全的确认，如在擦拭电机前必须确认不会因有水导致漏电，不会因用抹布、棉纱导致转动处缠绕；在车间行走或巡查时，必须确认自己通过的路段不会被滑倒，不会有吊物从头上经过，自己不会因地沟盖板不牢而漏脚导致碰伤、烫伤。也就是说，从业人员在厂内的一举一动都要用安全的标尺来衡量。此项确认需要靠加强安全教育和加大宣传力度来实现。

82. 如何制定安全操作确认制？

首先组织班组成员利用班前会进行轮流朗读学习，对安全操作确认制先进行灌输。其次让大家总结学习心得，互相讨论，以群策群力的方式促进安全操作确认制形成规范。最后再通过审核修订形成“安全确认制岗位操作手册”。将安全操作确认制各项具体工作纳入绩效考核管理办法和积分管理办法。

安全操作确认制的制定主要包括以下四个步骤。

（1）要使从业人员明确其岗位的生产工艺与上、下道工序之间的相互联系，根据工艺、技术、安全的要求，懂得应该做什么、怎么做、做到什么程度。

（2）根据生产工艺、安全作业的要求编排出操作顺序，然后制定操作规程和完整的操作规程规范。

（3）安全操作确认制制定之后，在班组试行时要听取有经验的操作人员的意见，也可以自下而上由班组制定，上下结合，反复修订，使之完善。

（4）安全操作确认制的贯彻要取得从业人员的理解。要通过安全生产宣传教育，使从业人员从思想上明确安全操作确认制的意义和作用，理解安全操作确认制与安全操作规程之间的关系，在理解的基础上自觉地贯彻执行安全操作确认制。

83. 安全生产联保互保制是什么？

所谓“联保互保”，是指在工厂车间中，两个人在工作中如果彼此可以看得见，一个人出了安全问题，另外一个人也要承担责任接受处罚；下一级员工出了问题，上一级主管也要承担责任接受处罚。联保互保虽然不是什么复杂的制度，但极大地增强了从业人员对于彼此安全的关注度与责任感。安全生产联保互保制是一种在工作场所实施的安全生产管理策略，旨在通过从业人员间的相互监督和支持，提高整体的安全意识和降低事故发生率，这种制度在多种行业，特别是在制造业、建筑业和矿业等高风险行业中尤为重要。安全生产联保互保制的重要性还体现在以下几个方面。

（1）降低事故发生率。通过集体的努力和相互监督，可以显著降低工作场所的事故发生率。

（2）提升安全意识。安全生产联保互保制促使从业人员更加重视安全，提高了个人和团队的安全意识。

（3）强化团队合作。这种制度不仅是关于安全，还是一种团队合作和相互支持的文化，有助于提高团队的凝聚力和效率。

84. 安全生产联保互保制有哪些主要内容？

安全生产联保互保制指的是一种团队协作机制，其中每位成员都对自己和其他人的安全负责。这种制度强调的不仅是个人责任，更重要的是团队间的互助和共同责任。其主要目的是通过集体努力，预防和减少工作场所事故，确保每个人的安全和健康，主要有以下几方面内容。

（1）两人或三人结成安全互保对子。在这个制度下，每位从业人员都需要明确自己的安全生产责任，不仅要负责自己的安全，还要负责同事的安全。这意味着从业人员不仅要遵守安全操作规程，还要监督和帮助同事遵守这些规程。

（2）班组长在每班工作开始时，将实施一项关键的安全生产管理措施，即将各互保对子的成员名牌挂在显眼的互保牌上。这个过程不仅是一种物理上的安排，更是一种强有力的心理和行为上的提醒。通过这种方式，每位从业人员在班前都能清楚地看到自己及其互保伙伴的名字，这加强了他们之间的责任感和相互监督。

（3）各互保对子应严格履行互保职责。鼓励从业人员之间相互监督，及时指出并纠正彼此的不安全行为。同时，通过团队合作和支持，共同解决安全问题，织密班组内部的安全防护网。

85. 安全生产联保互保制有哪些重点环节?

安全生产联保互保制度是一种以合作和相互监督为核心的安全生产管理机制，旨在通过多方参与和共同努力来减少事故风险，提高整体安全水平。这一制度的实施基于以下几个重要原则和环节。

（1）互相督促

互相督促在安全生产中扮演着至关重要的角色。这一过程不仅局限于同事间的相互提醒，还包括积极参与每周一次的安全生产活动及每天的班前会和班后会。在这些活动中，从业人员不仅有机会学习和复习有关安全生产的规定，而且还能够通过讨论和分享经验来提高自身的安全生产意识和自我防范能力。

班前会通常用于回顾和强调当日的工作重点和潜在风险，以确保每位从业人员都清楚当天的安全重点。班前会也是检查和确认安全设备、工器具是否适宜和完好的机会。班后会则更多地关注总结当天的工作，讨论发生的任何安全问题或者近乎事故的事件，以及制定针对性的改进措施。

在每周的安全生产活动中，从业人员可以通过更加深入和系统的学习，来熟记各种安全生产规定。这些活动可能包括安全培训课程、模拟紧急情况演练、安全知识竞赛等，这些都是提高安全意识和能力的有效方式。通过这些活动，从业人员不仅能学习到如何在日常工作中保证安全，还能了解如何在紧急情况下采取正确的行动。

（2）互相监督

互相监督是安全生产联保互保制中的一个核心环节，其重点在于确保每位从业人员都能严格遵守职工安全准则、岗位安全操作规程或岗位标准交接班制度等各项安全制度。在这个过程中，从业人员不仅需要对自己的行为负责，还要对同事的安全行为负责，共同营造一个安全的工作环境。互相监督要求每位从业人员都要深入理解并严格执行职工安全准则。这意味着每个人都要熟悉和理解工作中的潜在风险，以及如何通过正确的操作来避免这些风险。从业人员应该定期接受安全培训，以保持对职工安全准则的最新了解和应用。

此外，岗位安全操作规程是保障特定工作环境安全的重要指南。每位从业人员都应严格遵循这些规程，并监督同事是否也在做同样的事。在复杂或高风险的操作中，这种监督尤为关键，因为一次小小的疏忽就可能导致严重的后果。岗位标准交接班制度是确保工作连续性和安全性的关键。在交接班过程中，从业人员需要确保所有重要信息都被准确传递给接班人员，包括任何未完成的任务、存在的问题或特殊注意事项。这种制度的有效执行需要从业人员之间的相互监督和支持，以确保信息传递的准确性和完整性。

（3）互相检查

正确使用并爱护机器设备、工器具、安全设施及劳动防护用品，保持工作地点的文明生产，提醒对方安全注意事项，随时纠正对方违章、违纪现象，保证双方无违章、无事故。这不仅包括基础的操作规范，还涉及对设备的定期维护和检查，确保所有工器具和机械设备处于良好状态，以避免因设备故障引发的安全事故。

保持工作地点的文明生产同样重要。这意味着工作区域需要保持清洁和有序，减少因杂乱无章的工作环境造成的事故风险。从业人员应该相互提醒，注意安全操作规范，如在搬运重物、操作高危机械时的特别注意事项。实时纠正同事的违章和违纪行为是此制度的另一个重要环节。这不仅包括对明显违规行为的即时干预，也包括对潜在风险的预防。通过这种同事间的相互监督和支持，可以有效地减少违规操作，从而降低事故发生的概率。

总体而言，联保互保制度通过强化从业人员间的互相监督与合作，提升了工作场所的整体安全意识和安全文化。这种文化的核心在于每个人都对自己和同事的安全负责，共同营造一个无违章、无事故的安全工作环境。通过这种方式，不仅可以提高生产效率，还能确保每位从业人员的身心健康和福祉。

86. 班组“三不伤害”活动是什么？

“三不伤害”作为一项安全原则和行动准则，其核心思想在于实现“不伤害自己，不伤害他人，不被他人伤害”的目标，以此来最大限度地避免事故发生，确保人身安全。在日常的生产和工作中，这一理念的贯彻执行对于营造安全、和谐的工作环境至关重要。

“不伤害自己”要求每个人都要对自身的安全负责，这不仅包括遵守安全操作规程，正确使用机器设备和个体防护装备，还包括增强自我保护意识，如在潜在危险环境中采取必要的预防措施。

“不伤害他人”强调的是每个人对他人安全的责任，这意味着在工作过程中，每位从业人员不仅要关注自身的安全，还要注意自己的行为是否会对他人构成威胁。例如，在操作危险机械时，确保旁人处于安全区域，或发现同事在进行潜在危险的操作时及时提醒和干预。

“不被他人伤害”着重于营造一个互相尊重、互相关心的工作环境，这需要每个人都有意识地避免造成他人的伤害，同时也要积极地学习如何在遭遇潜在威胁时保护自己。

这种文化的培养需要每位从业人员的积极参与和不断努力，通过共同的努力，可以营造一个更加安全和谐的工作环境。开展该项活动可以从以下几方面着手。

（1）思想动员。组织全体从业人员进行安全教育和培训，确保每位从业人员都充分理解“三不伤害”原则的重要性。可以通过举办讲座、研讨会或工作坊来实现，旨在增强从业人员的安全责任感和自我保护意识。

（2）每人填写“三不伤害”防护卡，提出“三不伤害”对策和目标。要求每位从业人员填写“三不伤害”防护卡，其中包括个人对于避免伤害自己、伤害他人和防止被他人伤害的具体对策和目标。这样做不仅能够让从业人员有目的地思考和规划自己的安全行为，还能促使他们承诺遵守安全规范。

（3）经常对照、检查和交流。定期组织从业人员进行自我检查和互相监督，以确保“三不伤害”原则得到有效执行。同时，鼓励从业人员之间进行交流和分享，包括安全经验、遇到的难题和成功案例，以促进彼此的学习和提升。

（4）年度评比、总结、考核和表彰。对表现优异的团队和个人给予表彰和奖励，以此激励全体从业人员积极参与和持续改进。班组长要身体力行投入“三不伤害”活动中去，为班组成员做出表率，并脚踏实地将该项活动坚持下去。

（5）建立安全文化。最终目标是通过“三不伤害”活动的持续推广和实践，形成一种深入人心的安全文化。鼓励从业人员提出创新的安全生产管理理念和方法，不断寻求改进和优化“三不伤害”活动的方式。这种文化将安全视为每个人的责任和生活的一部分，从而在整个组织中营造出一种安全优先的氛围。

87. 班组“三不伤害”活动的原理是什么？

从理论上看，开展“三不伤害”活动也符合伤亡事故成因机理。事故成因的“轨迹交叉论”揭示，伤亡事故的发生是人的不安全行为与物的不安全状态两大系列要素运动轨迹交叉能量逆流于人体的结果。其轨迹交叉的“时空”就是发生事故的时间和地点。如果超前采取措施，对人的不安全行为或物的不安全状态予以控制或消除，使人、物在发展过程中中断，防止运动轨迹交叉，那么，伤亡事故就可以避免。而开展“三不伤害”活动的目的就在于控制人的不安全行为产生。

从实践上看，在企业的生产作业中，绝大多数人身伤害事故发生在生产一线的作业班组。人身伤害的主要原因可归结于人为失误。尽管深层次原因各不相同，但就其结果而言却不外乎如下三种情况：因自己失误而伤害自己、因自己失误而伤害别人、因别人失误导致自己受伤害。综合归类不难发现，凡发生人身伤害事故的均与“自己”有很大关系。

88. 班组“三不伤害”活动的出发点是什么？

“三不伤害”活动作为一种全面的安全生产管理策略，以减少和消除工作场所事故为核心目标，具体聚焦于改善从业人员的操作行为。这一策略以“我”为主线，强调个人责任和主动性在安全生产中的重要性。通过岗位工程的程序化、行为的规范化及操作的标准化，活动旨在建立一套清晰、可执行的安全操作规程，确保每位从业人员都能够在日常工作中遵循这些标准，从而有效地减少人为失误导致的事故。在实践中，“三不伤害”活动不仅关注个体操作者，还包含了对整个工作环境的综合考量。这意味着不仅是关注“我”（即个人）的安全，也包括“你”（即同事）和“他”（即其他相关人员）的安全。这种全面的安全视角有助于形成一个互助互保、共同负责的工作文化，每个人都在积极地为营造一个无事故的环境贡献力量。

“三不伤害”活动的核心在于制定并实施岗位专属的“三不伤害”防护卡，这是一种旨在确保每位从业人员在其岗位上的安全实用工具。防护卡详细记录了在特定岗位上使用的机器、工器具和其他物品，指导从业人员如何安全地操作，以防止因不当使用而对自己或他人造成伤害。这种方法的关键在于个人与集体安全的相互保障，每位从业人员都必须认识到自己的安全操作对于保护自己及他人的安全至关重要。通过这种方法，每个岗位，无论是“我岗位”“你岗位”还是“他岗位”，都成为一个安全的小环境，其中每个人的行为都是受到严格规范的。这不仅涉及个人如何安全地使用自己的工器具和设备，也包括如何在与他人的互动中保持安全。因此，“三不伤害”防护卡成了一个综合性的安全生产管理工具，它将个人安全措施和团队合作融为一体，形成一个互相连接、互相保护的安全网络。

89. 习惯性违章是什么？

习惯性违章是指个人或团队在工作过程中长期形成并持续实施的违反安全规章制度的行为。这种违章行为通常源于个人对安全规定的忽视或对风险的低估，而随着时间的推移，这些不安全的行为变得根深蒂固，逐渐演变成为一种“习以为常”的工作方式。习惯性违章的危害极大，它不仅增加了工作场所事故的风险，而且对班组的安全文化构成了严重威胁。习惯性违章按其性质可以分为以下三类。

（1）作业性违章

从业人员在工作中的行为违反规章制度或其他有关规定，称为作业性违章。如进入生产场所不戴或未戴好安全帽，高处作业不系安全带，操作前不认真核对设备的名称、编号和应处的位置，操作后不仔细检查设备状态、仪表指示；未得到工作负责人许可就擅自工作；热力设备检修时不泄压、转动设备检修时不按规定分别挂警告牌等。

（2）装置性违章

设备、设施、工作现场作业条件不符合安全规程、规章制度和其他有关规定，称作装置性违章。如厂区道路、厂房通道无标识牌、警告牌，设备无标识牌，井、坑、孔、洞的盖板、围栏、遮栏没有或不齐全，电缆不封堵，照明不符合要求，转动机械没有防护装置等。

（3）指挥性违章

指挥性违章是指各级领导、工作负责人，违反安全生产规章制度、安全操作规程、安全生产管理制度，以及为保证人身、设备安全而制定的安全组织措施和安全技术措施的违章指挥行为。

知识学习

统计表明，作业性违章、指挥性违章是造成人身伤亡事故和误操作事故的主要原因。违章作业原因可按如下分类。

（1）主观心理因素造成的习惯性违章。主观心理因素造成的习惯性违章主要有以下情况：一是因循守旧，麻痹侥幸；二是马虎敷衍，贪图省事；三是自我表现，逞能好强；四是玩世不恭，逆反心理。

（2）客观心理因素造成的习惯性违章。客观心理因素造成的习惯性违章主要有以下情况。一是操作技能不熟练。由于培训教育不够，操作者没有掌握正确的操作程序，对设备性能、状况、操作规程不熟悉，不能根据指示仪器仪表所反映的信息对设备运行状况进行调整。二是制度不完善。作业标准和规章制度不完善，使从业人员无章可循、无法可依。三是安全监督不够。对一些习惯性违章现象熟视无睹，对一些严重违章现象存在漏查或查处力度不够的情况，特别是在生产任务重、时间紧的情况下，一味强调按时完成生产任务，从而使部分从业人员滋生了忽视安全的习惯和心态。

90. 班组反习惯性违章活动的注意事项有哪些?

班组反习惯性违章活动的重要性不容小觑，它直接关系到工作场所的安全、班组成员的生命健康，以及企业的整体运营效率和声誉。习惯性违章行为如果不被及时纠正，可能导致一系列严重后果，因此，班组在进行反习惯性违章活动时要注意以下事项。

（1）需要长期坚持。反习惯性违章活动是一项长期的工作，需要持续不断地努力。由于习惯性违章行为通常已根深蒂固，其改变不可能一蹴而就。因此，企业和班组必须认识到，要有效地根除习惯性违章，就需要长期的关注和不懈的努力。这包括持续的安全培训、经常性的监督检查，以及对违章行为的及时纠正。

（2）要根据不同从业人员的特点，因人施教。在反习惯性违章活动中，因人施教是非常关键的。由于不同从业人员的背景、经验和性格特点各不相同，他们违章的原因和方式也会有所不同。因此，有效的反违章策略需要针对不同类型的从业人员进行定制化的教育和管理。对于新入厂的工人，他们可能因为对工作环境和安全规定不熟悉而发生违章。针对这一群体，需要进行系统的安全生产教育和培训，强调违章作业的潜在风险，并且在初期阶段加强对他们的监督和指导。

对于有经验的老工人，他们可能由于习惯旧有工作方式，而忽视新的安全规定。针对这一群体，需要强调安全规章制度的更新和变化，引导他们接受新的安全操作方法。而对于法律观念不强、知错不改的从业人员，除了加强教育和警示外，还应当采取一定的惩罚措施，如警告、罚款或者更严重的纪律处分，以此来增强他们对规章制度的敬畏。

（3）必须综合治理，全面开展标准化作业，以及坚持安全生产检查。标准化作业是确保每个工作流程都遵循安全规范的基础。通过制定和执行明确的操作标准，从业人员能够了解并遵守正确的工作方法，这有助于减少因误解或不熟悉操作程序而导致的违章行为。定期进行安全生产检查对于发现和纠正习惯性违章行为非常重要。这些检查不仅可以及时发现潜在的安全隐患，还能够评估从业人员对安全规程的遵守情况。定期的检查还能够增强从业人员的安全意识，提醒他们注意日常工作中的安全细节。随着社会的发展，班组还可以采用高科技手段，如安全监控系统、智能化的安全检测设备和数据分析工具，可以有效地提高监控和分析能力，更精准地识别习惯性违章行为。

91. 班组反习惯性违章活动有哪些具体内容?

（1）引导从业人员认识习惯性违章的危害，抓好岗位培训。让从业人员掌握作业标准、操作技能、设备故障处理技能、消防知识和规章制度；向先进水平挑战，做到“四比”（比敬业爱岗态度，比职业技术水平，比实际操作能力，比安全作业标准）和“三不伤害”（不伤害自己，不伤害他人，不被他人伤害）。

（2）排查习惯性违章行为，制定反习惯性违章措施。建立定期培训制度，提高从业人员法律法规意识；设立举报渠道，激励内部监督；利用技术手段，强化监控和预警系统。同时，加强对违章行为的数据分析，深挖背后原因，有针对性地优化工作流程。

（3）班组长起好模范带头作用。班组长是班组管理的领头羊。班组安全工作的好坏主要取决于班组长。班组长敢于抓“三违”，就能带动一批人，管好一个班。积极树立良好榜样，遵守规章制度以身作则，提倡安全生产。定期与团队交流互动，并及时解决问题，增强凝聚力与信任感。

（4）对习惯性违章严格考核，抓好日常安全意识教育。针对“违章不一定出事故”的侥幸心理，用正、反两方面的典型案例分析其危害性，启发班组成员自觉遵章守纪，增强自我保护意识。通过自查自纠，自我揭露，同时查纠身边的不安全行为、事故苗头和事故隐患，从“本身无违章”到“身边无事故”。

相关链接

排查习惯性违章行为，制定反习惯性违章措施。

首先，要加强习惯性违章的宣传教育工作。通过组织班组会议、编发安全技术交底资料、进行现场教育等方式，向班组成员宣传习惯性违章的危害和后果，提高班组成员的安全意识。同时，要加强安全培训，提高班组成员的安全技能和操作技能，让班组成员充分认识到违章行为的危害，增强对安全工作的敬畏之心。

其次，要建立完善的安全生产管理制度和操作规范。吸取其他企业、其他班组的事故教训，排查本班组有无类似习惯性违章现象。在此基础上，制定出有效的反习惯性违章措施。完善班组的安全生产管理制度，明确安全责任和安全权限，规范操作流程和操作要求。班组领导要严格执行安全生产管理制度，对违反规定的行为要进行及时纠正和处理，让班组成员始终保持安全作业意识，规范操作行为。

最后，要加强安全监督和巡查。建立班组安全巡查制度，定期对各工作区域进行巡查，发现安全隐患和违章行为要及时纠正和整改。加强对班组成员的安全教育和警示教育，提高班组成员对违章行为的警觉性和自律性。对本班组存在的习惯性违章行为，进行认真细致排查。要防止走过场、应付上级检查的情况。例如，某些班组，只见墙上贴着该企业发布的若干习惯性违章行为，但没有认真结合自身的问题进行排查；有的班组甚至不知道哪些行为属于习惯性违章行为。

92. 班组反“三违”活动有哪些具体内容？

（1）建立判别标准，查“三违”根源。解决“三违”，首要的问题是消除产生“三违”的土壤。隐患排查、自查阶段，要动员全体从业人员全面细致地识别本部门、本岗位存在的“三违”现象和行为，组织有关专业人员对这些现象和行为进行分析、评价，提出对策措施，再经过分类、汇总、整理，找到“三违”深层原因。

（2）追究不作为责任，抓层层监管。各级安全生产监督管理部门要对发现的“三违”现象进行责任倒推。将对安全生产监督管理不履职、不作为的查处作为监督检查工作的重点，发现一次，教育一次，查处一次，并记录在案。对不能严格执行制度和规程的管理者要加大打击力度，一要处罚、二要撤职。隐患排查过程中要将“三违”行为作为安全事故隐患来对待，要认真落实“四不放过”原则。

（3）完善教育和惩处机制，杜绝“三违”现象。要根据具体的“三违”行为的性质、内容、后果程度等建立“三违”教育和惩处机制。对性质较轻的“三违”现象，坚持先尊重后批评、先教育后惩处的人性化监管原则。对屡纠屡犯和部分危险岗位、关键岗位可能或造成重大事故的“三违”现象，要发现一起，严厉查处一起，并通过离岗培训、调离岗位直至解除合同等形式，建立违章“高压线”，逐步减少和消除“三违”行为。同时，要积极探索奖励机制，培养从业人员实现自我约束、自我防范目的。

相关链接

在生产过程中，违章指挥、违章作业、违反劳动纪律是人的不安全行为所导致的各类事故的罪魁祸首。反“三违”是各行各业面临的一项艰巨任务，是安全生产工作的当务之急，是遏制事故的强有力措施之一，也是安全生产工作者面临的重要课题。

反“三违”企业班组是阵地。班组是企业的“细胞”，既是安全生产管理的重点，也是反“三违”的主要阵地。要真正使“三违”绝迹，抓好对班组的管理无疑是重中之重。

反“三违”现场管理最必要。现场是生产的场所，是从业人员生产活动的地方，也是发生“三违”，出现伤亡事故的地方，狠抓现场安全生产管理尤为重要。要抓好现场安全生产管理，安监人员要经常深入现场，在第一线查“三违”疏而不漏，纠违章铁面无私，抓防范举一反三，居安思危，防患于未然，把各类事故消灭在萌芽状态，确保安全生产顺利进行。

93. 如何开展班组安全日活动?

班组安全日活动是班组成员之间交流思想感情、增长知识、统一认识、搞好班组安全生产的一个重要活动。该活动一般每周举行一次，要有记录、有考核，不能做假账，不流于形式。开展班组安全日活动有以下几种方法。

（1）完善管理制度

班组安全日活动是否开展得好，能否取得应有的成效，与是否建立完善的班组安全日活动管理办法，量化的检查考核标准有很大的关系。因此，应制定符合班组自身特点的活动规定，从活动的原则、时间、内容、记录及检查考核等方面对班组安全日活动作出明确规定，使班组安全日活动达到经常化、制度化、规范化的要求。同时，从活动的组织管理、活动计划及活动的实施情况等方面，制定操作性强的检查考核办法，切实把班组安全日活动落到实处。

（2）创新活动内容、活动形式

在开展班组安全日活动过程中要以丰富新颖的活动内容、灵活多样的活动形式，来吸引班组成员主动参与。避免班组成员因产生厌倦抵触情绪而使班组安全日活动走过场。

在学习内容上，企业的安全生产管理部门可将企业制定下发的会议文件、安全信息、事故通报、制度规定等及时汇编成册，定期编写一些通俗易懂、切合实际的教材，发放到班组，为班组开展活动提供必要的学习资料；可进行本班组的危险辨识，也可搞安全技术知识小测验、安全操作规程学习、警告牌安全标志及信号的使用与识别、整改项目的对策探讨、安全生产技术难题攻关、安全生产合理化建议、“要我安全”还是“我要安全”、如何争当安全生产合格班组的讨论等。

在活动形式上，可根据工作性质和岗位生产特点，从提高班组成员安全意识和实际操作技能入手，因人、因时、因地制宜地组织开展形式多样、内容丰富的班组安全日活动。对形式来说，可以是会议式，也可以是讨论式、轮流主持学习式、考试式、展览式、电化教育式等。

（3）加强检查考核

抓好班组安全日活动，只靠一般性的检查，是起不到根本作用的。只有把班组安全日活动纳入各种考核之中，建立完善的检查、考核和激励机制，才能取得良好的效果。

首先，各班组应根据自身特点建立与管理水平相配套的检查考核细则，将检查纳入企业的岗位责任制大检查、各类专项检查中，并将检查的结果同车间开展的创“一级车间”活动、“三无班组”活动等一切评优创先活动挂钩。

其次，要严格检查。采用定期检查和不定期抽查的方式对班组安全日活动情况进行检查。

最后，在检查的基础上，对照考核细则对班组安全日活动进行严格的考核，并将考核结果与经济责任制、目标责任制等挂钩，定期予以兑现奖罚。

相关链接

要组织好班组安全日活动，班组长应做到：事先有准备，学习有内容，活动前与工段（车间）联系，及时传达上级的文件和安全生产信息；结合班组实际情况讲安全生产工作重点，总结上周安全生产经验教训，布置下周安全生产工作及重点注意事项，并确定安全生产负责人，对存在的安全生产问题，要认真进行分析研究，找出原因，采取相应的措施，杜绝问题再次发生。

94. 危险预知活动是什么？

危险预知活动是针对生产特点和作业工艺全过程，以生产一线岗位危险性为对象、以减少伤害事件为手段、以作业班组为基本组织形式开展的一项安全生产教育和训练活动，是一种群众性的“自我管理”活动。其目的是控制作业过程中的危险，预测和预防可能发生的事故，将安全风险管控做在隐患发生之前，将隐患排查做在事故发生之前。

对班组长来说，危险预知活动是指对安全生产事故隐患的预测，对事故的预防，对每天开工前的安全生产情况做到一清二楚。

危险预知活动是在班组长主持下进行的群众性的危险预测、预防活动，通过研究人的不安全行为，分析事故发生机理，从而制定针对个人的危险预防措施。该活动是控制人为失误，提高班组成员安全意识和安全生产技能，落实安全技术操作规程，进行岗位安全生产教育，实现“三不伤害”的重要手段，适用于程序性不强、一般性的作业。危险预知活动包括危险预知训练和“工前五分钟”活动两个步骤。

知识学习

当班组内的设备、工艺、环境、人员情况有变化时，应及时做好危险预知活动。开展危险预知活动要遵照以下六项原则。

（1）消除原则，即通过合理的计划、组织和操作，从根本上消除环境中存在的不安全因素，努力消除人在思想和行为上的危险及有害因素，实现本质安全化。

（2）预防原则，即当消除危险有困难时，可采取预防性技术措施，如增加防护罩、高处作业系好安全带、按岗位作业标准作业等。

（3）减弱原则，即在无法消除危险源和难以采取预防措施时，可采取减少危害的措施，如降温、降噪、高温作业间断休息等。

（4）隔离原则，即在前者都无法实现的情况下，应将有害因素与人员隔开，如加隔离栏、防护棚等。

（5）联锁原则，即当操作者失误易造成伤害或设备运行达到危险状态时，通过联锁装置终止危险进行。

（6）警告原则，即在易发生故障、事故或危险性较大的地方，配置醒目的识别标志，必要时可采用声、光等报警装置，如设置标识牌等。

95. 班组危险预知训练的内容是什么？

班组危险预知训练利用班组安全日活动进行，其具体做法是：依靠集体力量，发现本岗位的危险因素。班组危险预知训练不是一种传统意义上的训练方式，而是一种以讨论分析形式为主的现场班组安全活动。讨论分析的内容是针对岗位和作业过程中潜在的危险因素，分析危险因素所能引起的各种不安全的现象，并讨论出对策和措施。主要有如下内容：

（1）明确作业地点、作业人员和作业时间；

（2）了解作业现场状况；

（3）对可能出现哪类事故、产生事故的原因（包括不安全行为的表现形式、特点和性质）、特定的危险环境中人的思维活动等进行分析；

（4）分析可能的事故后果；

（5）提出解决这些危险因素的措施和目标；

（6）最后通过活动来加强对危险因素的确认，并明确行动目标。

相关链接

在进行危险预知训练的时候，以5~6人为宜，选出一人主持、一人记录、一人讲解。可采用对照检查的方式，充分依靠班组成员的智慧和经验。在班组长主持召开、全体成员参加的危险预知训练活动上，班组成员可根据自己的经验和掌握的信息，各抒己见，畅所欲言。

96. “工前五分钟”活动是什么？

“工前五分钟”活动是由作业负责人组织从事该项作业的从业人员在作业现场利用较短时间进行，要求根据危险预知训练提出的内容对“人员、工器具、环境、对象”进行四确认，并将控制措施逐项落实到人。重大危险作业应分为作业安全和工序安全两个阶段开展“工前五分钟”活动。“工前五分钟”活动主要有以下几方面内容。

（1）检查从业人员精神状态（有无疲劳上岗、酒后上岗、带病上岗等）。

（2）检查从业人员劳动防护用品穿戴情况（安全帽、高温鞋、工作服穿戴是否整齐等）。

（3）检查使用的各类工器具是否良好（钳子、扳手、推车、撬杠、封口机、手电钻等）。

（4）交代设备安全状态（对设备存在的隐患、故障进行交代）。

（5）检查上班交代的问题（查记录、听汇报）。

（6）制定事故预防措施（对岗位存在的各类隐患及预防措施按规定实施）。

（7）填写好交接班记录（详细记录参加的人员、交代的问题、提出的预防措施等）。

一般来说，班组长应至少提前30分钟进入生产现场，用“一问”（问是否有反常情况，本班该注意什么）的方法、“二听”（听上一班的交接，听工人谈生产、谈安全、谈问题）、“三看”（看现场，看设备，看记录），做到切切实实对安全生产情况心中有数，并针对存在的隐患制定相应的对策。

知识学习

“工前五分钟”活动一般和班前会一起进行。它能提高从业人员的工作积极性和工作动力，激发从业人员的工作热情和创造力；帮助从业人员适应工作环境和工作状态，减少工作中的不适和疲劳，提高从业人员的工作效率和工作质量；加强从业人员之间的沟通和协作，促进团队合作和从业人员之间的友好关系，减少工作中的摩擦和冲突；增强从业人员的安全意识和责任意识，提高从业人员的安全意识和质量意识，减少工伤事故和质量问题的发生。因此，开展“工前五分钟”活动是一项非常有益的管理实践，可以帮助企业提高从业人员的工作效率和工作质量，促进企业的持续发展。

97. “6S 管理”活动是什么？

“6S 管理”是在“5S 管理”的基础上增加了“安全”扩展而来的。所谓“6S 管理”，是指对生产现场中的人员、机器、材料、工器具等生产要素所处的状态不断进行整理、整顿、清扫、安全、清洁及提升人的素养的活动。由于整理（SEIRI）、整顿（SEITON）、清扫（SEISO）、清洁（SEIKETSU）、素养（SHITSUKE）、安全（SECURITY）这六个词均以“S”开头，所以简称“6S 管理”。

知识学习

提起“6S 管理”，首先要从“5S 管理”谈起。5S 是指在生产现场中将人员、机器、材料、工器具等生产要素进行有效管理，它针对企业中每位员工的日常行为方面提出要求，倡导从小事做起，力求使每位员工都养成事事“讲究”的习惯，从而达到提高整体工作质量的目的。“5S 管理”对于提升企业形象、安全生产、标准化的推进等方面的巨大作用逐渐被各国管理界所认识。我国企业在“5S 管理”的基础上，结合国家如火如荼的安全生产活动，在原来“5S 管理”基础上增加了安全，形成“6S 管理”。

98. “6S 管理”活动的基本内容是什么？

“6S 管理”活动的对象为现场的人和环境。其基本内容为以下六个方面。

（1）整理（SEIRI）

将工作现场的所有物品区分为有用品和无用品，把有用的留下来，其他的都清理掉。目的是腾出空间，空间活用，防止误用，保持清爽的工作环境。

（2）整顿（SEITON）

把留下来的必要物品依规定位置摆放，并放置整齐加以标识。将工器具、物料、文件等的位置固定下来，并明确数量及进行标识，以便在需要时能够立即找到。目的是工作场所一目了然，节省寻找物品的时间，清除过多的积压物品，使工作环境整齐干净。

（3）清扫（SEISO）

将工作场所内看得见与看不见的地方清扫干净，注重细微之处，保持工作场所干净、明亮，营造良好的工作环境。目的是稳定品质，减少工业伤害。

（4）清洁（SEIKETSU）

将整理、整顿、清扫进行到底，并且制度化，经常保持环境处在整洁美观的状态。目的是营造明朗现场，维持上述 3S 推行成果。

（5）素养（SHITSUKE）

从业人员养成良好的习惯，并按规则做事，培养积极主动的精神。目的是养成良好的行为习惯，培养遵守规则的从业人员，发扬团队精神。

（6）安全（SECURITY）

重视从业人员安全教育，每时每刻都有安全第一观念，防患于未然。清除事故隐患，排除险情，保障从业人员的人身安全和生产正常进行。目的是营造及维护安全生产的环境，所有的工作应建立在安全的前提下。

“6S 管理”之间彼此关联，整理、整顿、清扫是具体内容；清洁是指将上面的 3S 实施的做法制度化、规范化，并贯彻执行及维持结果；素养是指使每位员工养成良好的习惯，并按规则做事；开展“6S 管理”容易，但要长时间维持必须靠素养的提升；安全是基础，要尊重生命，杜绝违章。

知识学习

“6S 管理”是将工作现场中的人员、机器、材料、方法等生产要素进行有效的管理，针对企业中每位从业人员的日常行为提出要求，倡导从小事做起，力求使每位从业人员都养成事事“讲究”的良好习惯，从而达到提高整体工作质量的目的。“6S 管理”不仅能提供一个舒适的工作环境、提升全体从业人员的工作热情、提高现场工作效率，还能增加设备使用寿命，降低生产成本，提高生产效率。

99.“6S 管理”活动对班组安全生产有什么促进作用？

“6S 管理”活动对班组安全生产有多方面的促进作用。它可以改善工作环境、提高工作效率、提升班组形象、促进班组文化建设、培养高素质班组成员、促进班组沟通与协作及降低生产成本等。

（1）减少安全事故的发生

通过实施“6S 管理”活动，班组的工作场所变得整洁、有序，减少了因杂乱无章的环境导致的安全事故。同时，班组成员的安全意识得到提高，能够自觉遵守安全规定，进一步降低安全事故的发生率。

（2）提高工作效率

通过实施“6S 管理”活动，班组的工作环境得到改善，物品摆放有序，减少了寻找物品的时间，提高了工作效率。班组成员在安全、舒适的环境中工作，也能提高工作效率。

（3）提升班组形象

整洁、有序的工作环境能够体现出一个班组的整体素质和形象。实施“6S 管理”活动，能够提升班组在公司中的形象，增强班组的凝聚力和向心力。

（4）促进班组文化建设

通过实施“6S 管理”活动，班组建立起共同的价值观念和行为准则，增强了班组成员的归属感和自豪感，有助于形成良好的班组文化。这种文化氛围能够激励班组成员积极向上、团结协作，为班组的持续发展贡献力量。

（5）培养高素质员工

通过实施“6S 管理”活动，班组成员养成了良好的工作和生活习惯，提高了自身的素质和能力。同时，班组通过不断优化工作环境和流程，也能培养出更多高素质的班组成员。

（6）促进班组沟通与协作

在实施“6S 管理”活动中，班组成员之间需要相互沟通、协作，共同完成任务。这种活动有助于增进班组成员之间的交流与合作，提高班组的协同作战能力。

（7）降低生产成本

在减少安全事故、提高工作效率和降低浪费等方面，实施“6S 管理”活动能够帮助班组降低生产成本。同时，合理利用空间和资源也能够降低生产成本。

100. 企业安全文化是什么？

企业安全文化是企业生产活动中所创造和形成的安全观念、安全行为、安全制度和安全物态文化的总称。建设企业安全文化的根本目的是提高全员安全生产素质，具体体现在人的安全生产素质上。人的安全生产素质大体分为两个层面，一是基本层面的安全生产素质，主要指安全知识和技能；二是根本安全生产素质，主要包括安全观念、意识、态度、认知、道德、情感等人本性方面的要素。企业安全文化的建设期望用文化的力量，将现代先进的企业安全文化灌输于企业，将安全意识和责任内化于脑、固化于制、外化于行，使安全行为成为企业每位从业人员自觉的心理契约，而不是表面“应付”，使先进的企业安全文化成为企业生存的精神动力和智力支持。

101. 企业安全文化有哪些具体体现？

企业安全文化是一个综合性的系统工程，需要企业在多个方面进行体现和实践。通过建设企业安全文化，可以提高企业的安全生产管理水平和从业人员的安全生产素质，降低事故发生的风险，保障企业的安全生产和从业人员的生命安全。企业的安全文化具体体现在以下几个方面。

（1）安全意识的培养

企业通过开展安全培训、组织安全演习等方式，向从业人员传达安全知识和技能，提高从业人员对安全事故的识别能力和应急处理能力。同时，定期进行安全生产宣传，强调安全的重要性，激发从业人员的安全意识。

（2）安全价值观的倡导

企业通过制定安全规章制度、建立安全生产管理制度等方式，明确规定从业人员在工作中应遵守的安全行为准则，并对违反安全规定的行为进行惩罚。同时，鼓励从业人员遵守安全规定，积极参与安全生产管理工作，养成良好的安全行为习惯。

（3）安全行为准则的制定和执行

企业应制定明确的安全行为准则，包括从业人员在生产过程中应遵守的安全操作规程、劳动纪律等。企业应严格执行这些准则，对违反准则的行为进行惩罚，以确保从业人员行为的规范性和安全性。

（4）安全环境的营造

企业应营造一个安全的环境，包括工作场所的整洁、有序及安全设施的完备等。一个安全的环境可以降低事故发生的风险，保障从业人员的生命安全和身体健康。

（5）安全生产管理的有效性

企业应建立完善的安全生产管理体系，包括安全责任制的落实、安全检查的执行、安全隐患的排查整改等。通过有效的安全生产管理，可以预防和控制事故的发生，保障企业的安全生产。

（6）安全文化的传承和发展

企业应将安全文化作为一种价值观和精神财富，传承给一代又一代的从业人员。通过安全文化的传承和发展，使从业人员始终保持对安全的重视和追求，推动企业的持续发展。

102. 企业安全文化具体有哪些表现形式?

企业可以根据实际情况选择适合的安全文化活动，通过多种形式的活动来提高从业人员的安全意识和安全技能，推动企业的安全生产工作。以下是一些企业安全文化的表现形式。

（1）安全教育培训，包括安全知识讲座、安全技能培训、安全操作规程培训等，旨在提高从业人员的安全意识和安全操作技能。

（2）安全宣传活动，包括安全宣传周、安全知识竞赛、安全文艺演出等，旨在普及安全知识，提高从业人员的安全意识和安全素养。

（3）安全检查活动，包括设备和设施检查、劳动防护用品检查、作业现场检查等，旨在发现和整改安全隐患，防止事故发生。

（4）安全文化活动，包括安全文化沙龙、安全文化节、安全主题展览等，旨在传播安全文化，营造关注安全的良好氛围。

（5）应急演练和演习，包括应急预案演练、消防演习、医疗急救演习等，旨在提高从业人员应对突发事件的能力和自救互救能力。

103. 班组安全文化是什么?

班组安全文化是企业安全文化的一个组成部分，是班组管理组织在组织班组生产作业过程中及班组成员在班组生产过程中，为维护自己免受意外伤害或职业危害而创造的各类物质的及意识形态领域成果的总和。

班组安全文化建设的目的是实现安全生产，保护班组成员生命安全。它通过多种方式来体现，包括安全意识的培养、安全价值观的倡导、安全行为准则的制定和执行、安全环境的营造、安全生产管理的有效性及安全文化的传承和发展。

班组安全文化建设需要全员参与，从基层做起，注重科学性、普及性和可操作性，建立完善的安全生产管理体系，制定安全行为准则并严格执行，加强安全检查和隐患排查整改等。通过班组安全文化建设，可以提高班组成员的安全生产素质和企业的安全生产管理水平，降低事故发生的风险，保障企业的安全生产和班组成员的生命安全。

104. 如何创建班组安全文化?

形成具有企业特色的班组安全文化，可以提高班组成员的安全生产素质和企业的安全生产管理水平，降低事故发生的风险，保障企业的安全生产和班组成员的生命安全。具体创建措施包括以下几个方面。

（1）建立安全生产管理制度

企业应制定完善的安全生产管理制度，明确班组成员在生产过程中的安全职责和行为准则。同时，应定期对安全生产管理制度进行审查和更新，确保其与实际生产情况相符。

（2）强化安全意识教育

通过开展安全知识讲座、安全技能培训等形式，提高班组成员的安全意识和安全操作技能。同时，应定期组织安全生产宣传活动，增强班组成员对安全事故的识别能力和应急处理能力。

（3）营造安全文化氛围

通过悬挂安全标语、设置安全警示牌等形式，营造关注安全的良好氛围。同时，鼓励班组成员积极参与安全文化建设，提高班组成员的安全自觉性和主动性。

（4）建立安全检查机制

建立完善的安全检查机制，定期对班组生产现场、设备、设施等进行检查，及时发现和整改安全隐患。对于违反安全规定的班组成员应进行教育和处罚，以确保班组成员行为的规范性和安全性。

（5）实施安全生产管理考核

企业应制定安全生产管理考核制度，对班组成员的安全生产情况进行考核和评估。通过考核和评估，可以发现班组在安全生产方面存在的问题和不足，及时采取措施进行改进和提升。

（6）建立班组安全档案

为每个班组建立安全档案，记录班组安全生产情况、安全隐患排查整改情况等。通过安全档案的建立和管理，可以更加全面地了解班组安全生产情况，为后续的安全生产管理提供参考和借鉴。

105. 实现班组安全文化有哪些主要途径?

实现班组安全文化需要全员参与，从领导到班组成员都要重视安全工作，通过培训、教育、检查、奖惩等多种途径来推动班组安全文化的建设。实现途径主要包括以下几个方面。

（1）领导重视和示范

领导要时刻关注班组的安全工作，牢固树立“安全第一”的思想，亲自参与安全事故的调查和处理，树立良好的榜样，引导班组成员养成安全生产的思维和行为习惯。

（2）强化安全生产责任

明确各级人员的安全职责，做到“谁主管，谁负责”，确保安全生产责任到人。

（3）实施安全培训和教育

定期开展安全培训和教育活动，提高班组成员的安全意识和安全技能，包括安全操作规程培训、应急演练等。

（4）加强安全检查和隐患排查

定期组织安全检查和隐患排查，及时发现和处理潜在的安全问题。

（5）举办安全文化活动

如安全知识竞赛、安全文艺演出等，提高班组成员的安全意识，营造关注安全的氛围。

（6）实施安全奖惩制度

对安全生产表现优秀的班组成员进行奖励，对违反安全规定的班组成员进行惩罚，以此激励班组成员遵守安全规定。

（7）建立安全信息交流平台

鼓励班组成员之间交流安全信息，分享安全经验和教训，促进班组内部的安全文化建设。

（8）推行班组安全动态管理

开展班组风险防范献计献策活动，让班组成员进行充分交流与沟通，鼓励班组成员将自己亲历的、但不为人所知的一些未遂事故进行讲述，以对全体班组成员起到安全教育作用。

（9）实施“三重点”管理

即重点强化安全生产责任落实、重点加强安全操作规程培训和重点加强安全隐患排查。

106. 班组安全文化建设应该克服哪些错误观念?

班组安全文化建设需要树立正确的安全生产意识和文化观念，加强安全生产管理、培训和教育等工作，推动班组安全文化的建设和发展。需要克服的错误观念包括以下几个方面。

（1）安全生产是安全生产管理部门的事，与基层员工无关。这种观念忽略了基层员工在安全生产中的主体作用，忽略了企业安全文化的建设需要全员参与。

（2）事故不可避免，只能听天由命。这种观念认为事故是不可避免的，忽略了人的因素在安全生产中的重要性，忽略了通过加强安全生产管理、加强班组成员培训等方式来预防事故的发生。

（3）只要不出事，安全工作就是做好了。这种观念忽略了安全工作需要持续改进和不断完善。

（4）安全生产是基层班组的事，与上层管理者无关。这种观念忽略了上层管理者在安全生产中的领导和管理作用，忽略了企业安全文化建设需要从上到下全面推进。

（5）安全工作只注重形式，不注重实效。这种观念认为安全工作是走过场，忽略了安全工作的实际效果和班组成员的实际需求。